国家职业教育改革发展示范学校重点建设专业精品教材
工学结合示范教材

安 全 用 电

主　编：朱坚儿
副主编：段矿平　刘建芬
参　编：王汉斌　谢文君

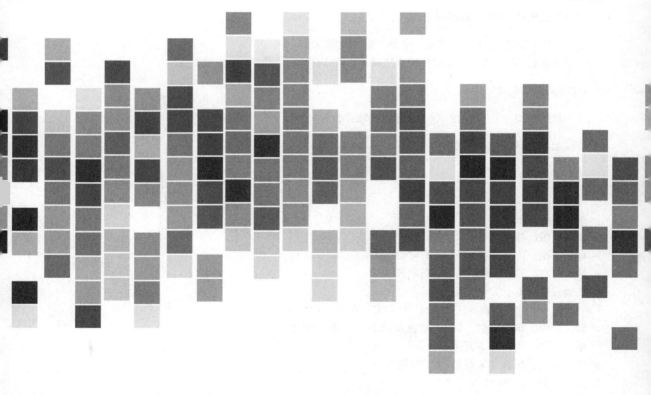

电子工业出版社
Publishing House of Electronics Industry
北京·BEIJING

内 容 简 介

本书主要内容包括：安全教育，触电急救，照明灯具及插座的安装，导线连接与架空线路，电度表安装，电力电容器安装接线与放电，电机检测，电力拖动，电气防火、防爆以及防雷，电工安全用具。

本书根据职业技术教育要求和当前技术学校学生特点及电工上岗证的考证内容编写，内容覆盖面较宽，但难度较小。每个学习任务都有任务页和学习页，任务页里有学习任务描述；任务实施，包括实施步骤、实习课题内容、实训中碰到的问题、解决的方法、注意事项；知识要点，主要是从学习页学习后得到的相关知识；综合评定，包括自我评价、小组评价、教师评价等内容。既便于学生自学练习，又便于教师选用，能有效减轻教学负担。

本书可作为中高职电子电工类相关专业"电工上岗证"考证的参考教材，也可作为其他专业、其他学校同类课程的学习参考书。

图书在版编目（CIP）数据

安全用电 / 朱坚儿主编. —北京：电子工业出版社，2014.6
国家职业教育改革发展示范学校重点建设专业精品教材　工学结合示范教材

ISBN 978-7-121-23052-3

Ⅰ. ①安… Ⅱ. ①朱… Ⅲ. ①安全用电—职业教育—教材 Ⅳ. ①TM92

中国版本图书馆 CIP 数据核字（2014）第 081980 号

策划编辑：张　帆
责任编辑：郝黎明
印　　刷：三河市鑫金马印装有限公司
装　　订：三河市鑫金马印装有限公司
出版发行：电子工业出版社
　　　　　北京市海淀区万寿路 173 信箱　邮编　100036
开　　本：787×1 092　1/16　印张：10.75　字数：275.2 千字
版　　次：2014 年 6 月第 1 版
印　　次：2024 年 8 月第 21 次印刷
定　　价：25.00 元

凡所购买电子工业出版社图书有缺损问题，请向购买书店调换。若书店售缺，请与本社发行部联系，联系及邮购电话：（010）88254888。

质量投诉请发邮件至 zlts@phei.com.cn，盗版侵权举报请发邮件至 dbqq@phei.com.cn。

本书咨询联系方式：（010）88254592，bain@phei.com.cn。

前　言

安全用电是研究如何预防用电事故以保障人身安全和设备安全的一门学问。持有电工进网作业许可证是安全用电的必要条件之一。

本书根据职业技术教育要求和当前技术学校学生特点及电工上岗证的考证内容编写，本书与其他同类教材的不同之处在于：

1. 内容广、难度浅、适用面宽，既有利于学生全面地学习，又便于不同专业、不同教学要求的学校和教师选用。

2. 文字叙述注重条理化，配备图解，使学生容易记忆理解，也便于教学。对学生不易理解和容易混淆的概念，给出较为详尽的讲解，便于自学。

3. 习题布置性好，单一概念习题多，简单容易的题目多，更适合于职校学生的特点。题型丰富，有填空题、选择题、问答题等。

4. 便于教师选用，能有效减轻教师的教学负担。因配备图解，便于不同专业、不同教学要求的院教和教师选用。

本书由广东省高级技工学校电气工程系朱坚儿主编，段矿平、刘建芬为副主编，王汉斌、谢文君参编。其中学习任务一由谢文君、刘建芬两位教师共同编写，学习任务六由谢文君、段矿平两位教师共同编写，学习任务二、四、七由段矿平教师单独编写，学习任务三、五、九由刘建芬教师单独编写，学习任务八、十由王汉斌教师单独编写；其余部分由朱坚儿教师编写并统稿。

全书由广东省技师学院王为民和袁建军审稿，他们对本书进行了认真审阅，提出了很好的意见和建议，作者在此表示衷心感谢。还有对本书提出过修改和宝贵意见的同志，在这里一并向他们表示诚挚的谢意。

限于编者水平，书中存在不妥之处在所难免，恳请读者批评指正。

编　者

目 录

1.1　任务页

学习任务描述

1. 提出任务

人们在日常的生活和学习中要用到各种电器，但是在各种电器的使用过程中，因为使用不当或其他原因，往往会引发一些安全事故，如图1-1所示的触电事故，甚至引起火灾。那么，当家用电器起火的时候，我们应该怎么办呢？

2. 引导任务

如何防止因为不正确用电引起的安全事故？如何避免电路起火？如何处理电路起火呢？这些在后面的学习任务里都会讲到。本学习任务中，我们主要讲安全教育。

图1-1　触电事故示意图

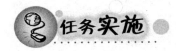

实施步骤

（1）教学组织

教学组织流程如图 1-2 所示。

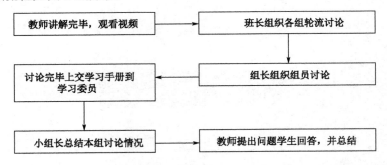

图 1-2　教学组织流程图（学习任务一）

教师讲解完毕，放完视频后，让小组组长分好组，根据教师安排的任务，分组讨论。每 2 人一组，每组小组长一名。

（2）必要器材/必要工具

多媒体课室 1 间。

（3）任务要求

通过学习实习工厂的各项规章制度和安全操作规程，使全体同学自觉遵守厂纪厂规，重视安全文明生产和实习，让学生懂得实习中安全的重要性与必要性。为后面的实习安全打下基础。

填空题

1. 工作前必须检查＿＿＿＿＿＿＿＿、＿＿＿＿＿＿＿＿和＿＿＿＿＿＿＿是否完好 。

2. 任何电器设备未经验电，＿＿＿＿＿＿＿＿有电，不准＿＿＿＿＿＿＿＿触及。

3. 每次维修结束时，必须清点所带＿＿＿＿＿＿＿＿、＿＿＿＿＿＿＿以防丢失或留在设备内。

4. 安装灯头时，开关接在＿＿＿＿＿＿线上，灯口螺丝接在＿＿＿＿＿＿线上

5. 使用梯子时，梯子与地面之间的摆放角度应以＿＿＿＿＿＿＿＿＿度为宜。

6. 生产实习作业时必须＿＿＿＿＿＿，禁止＿＿＿＿＿＿和他人＿＿＿＿＿＿而分散注意力。

7. 下班前，必须关闭＿＿＿＿＿＿＿＿，清理场地，收拾用具后方能离开＿＿＿＿＿＿＿。

8. 行灯的使用应当是＿＿＿＿＿＿＿＿＿＿＿＿安全电压。

9. 电气设备发生火灾时，要立刻＿＿＿＿＿＿＿电源，并使用＿＿＿＿＿＿＿灭火器或

_____灭火器灭火，严禁使用_____灭火。

10. 使用喷灯时，油量不得超过容积的_____。

11. 电气设备及其带动的机械部分需要维修时，不准在_____中拆卸修理，必须在停车后_____设备电源，取下_____器，挂上"_____，有人工作"的标识牌，并验明_____后，方可进行工作。

12. 安全教育的目的是_____的安全意识，充分认识安全用电的_____，同时，使工作人员懂得用电的_____，掌握安全用电的_____。

综合评定

1. 自我评价

（1）本节课我学会和理解了：

_____
_____
_____
_____
_____

（2）我最大的收获是：

_____
_____
_____
_____
_____

（3）我的课堂体会是：快乐（　）、沉闷（　）
（4）学习工作页是否填写完毕？是（　）、否（　）
（5）工作过程中能否与他人互帮互助？能（　）、否（　）

2. 小组评价

（1）学习页是否填写完毕？
评价情况：是（　）、否（　）
（2）学习页是否填写正确？
错误个数：1（　）2（　）3（　）4（　）5（　）6（　）7（　）8（　）
（3）工作过程当中有无危险动作和行为？
评价情况：有（　）、无（　）
（4）能否主动与同组内其他成员积极沟通，并协助其他成员共同完成学习任务？
评价情况：能（　）、不能（　）
（5）能否主动执行作业现场 6S 要求？
评价情况：能（　）、不能（　）

3．教师评价

综合考核评比表如表 1-1 所示。

表 1-1　学习任务一综合考核评比表

序号	考核内容	评分标准	配分	自我评价 0.1	小组评价 0.3	教师评价 0.6	得分
1	任务完成情况	生产实习课堂管理制度	10分				
		生产实习教学"十不准"	15分				
		安全操作的"一想、二查、三严格"	10分				
		电工（电子）安全操作规程	20分				
2	责任心与主动性	若丢失或故意损坏实训物品，全组得0分，不得参加下一次实训学习	10分				
		主动完成课堂作业，完成作业的质量高，主动回答问题	5分				
3	团队合作与沟通	团队沟通，团队协作，团队完成作业质量	10分				
4	课堂表现	上课表现（上课睡觉，玩手机，或其他违纪行为等）一次全组扣5分	10分				
5	职业素养（6S标准执行情况）	无安全事故和危险操作，工作台面整洁，仪器设备的使用规范合理	10分				
6	总分						

获得等级：90分以上（　　）☆☆☆☆☆　　积5分

75～90分（　　）☆☆☆☆　　积4分

60～75分（　　）☆☆☆　　积3分

60分以下（　　）　　积0分

50分以下（　　）　　积-1分

注：学生每完成一个任务可获得相应的积分，获得90分以上的学生可评为项目之星。

教师签名：＿＿＿＿＿＿

日期　　年　　月　　日

1.2 学习页

1. 安全教育的目的与意义
2. 了解生产实习教学课堂管理制度
3. 做到安全操作的"一想、二查、三严格"
4. 掌握电工（电子）安全操作规程

相关知识

1. 安全教育的目的与意义

安全教育是安全管理工作的重要环节。安全教育的目的是提高全员的安全意识、安全管理水平，防止事故发生，实现安全生产。

安全教育是提高全员安全意识、实现安全生产的基础。通过安全教育，提高企业各级生产管理人员和广大职工搞好安全工作的责任感和自觉性，增强安全意识，掌握安全生产的科学知识，不断提高安全管理水平和安全操作水平，增强自我防护能力。有些领导往往在布置生产结尾时谈到安全问题，顺便喊一句："最后强调一个问题，就是大家要重视安全生产，不要出事故。"还有的讲："我是逢会必讲要大家注意安全。"正确地说这些仅仅是提醒，没有深入进行针对性的布置。这些现象的原因：

一是安全意识不高，对安全在经济效益中的作用和地位认识不足；

二是缺乏安全知识，难以提出具体意见。

要改变这一状况，必须使安全教育经常化、制度化。使广大职工广泛掌握安全技术知识和安全操作技能，端正对安全生产的态度，才能减少和消灭事故，实现安全生产。

安全工作是与生产活动紧密联系的，与经济建设、生产发展、企业深化改革、技术改造同步进行，只有加强安全教育工作才能使安全工作适应形势的需要。如企业实行承包经营责任制，促进了经济发展，但是，一些企业在承包中出现片面追求经济效益的短期行为，以包代管，出现拼设备、拼体力、违章指挥、违章作业。其主要原因是安全教育培训没有跟上，安全意识淡薄、安全素质差。因此，在新的形势下，强化安全教育是十分必要的。

2. 生产实习教学课堂管理制度

（1）学生实习课前必须穿好工作服，戴好工作帽和其他防护用品，由班长负责组织提前进入实习课堂，准备实习。

（2）教师考勤后讲课时，学生要专心听讲，做好笔记，不得说话或干其他事情。提问要举手，经教师同意后方可发问。上课时，进出课堂应得到教师的许可。

（3）教师操作示范时，学生要认真观察，不得拥挤和喧哗，更不得用手触摸设备。

（4）学生要按教师分配的工作位置进行练习，严格遵守劳动纪律，有事请假，不得早退，不得窜岗，不允许私开他人的设备。

（5）严格遵守安全操作规程，安检员要协助教师做好安全工作，防止发生人员伤亡和设备事故。

（6）严格按照实习课题要求，保质保量按时完成生产实习任务，认真自评和撰写实习报告，不断提高操作水平。

（7）生产实习教学应做到"十不准"：

① 不准闲谈、打闹；

② 不准擅离岗位；

③ 不准干私活；

④ 不准私带工具出车间；

⑤ 不准乱放工量具、工件；

⑥ 不准生火、烧火；

⑦ 不准设备有故障时工作；

⑧ 不准擅自拆修机器；

⑨ 不准乱拿别人的工具材料；

⑩ 不准顶撞教师和指导教师；

（8）爱护公共财物，珍惜每一滴油、每一滴水、每一度电，修旧利废，勤俭节约。

（9）保持实习场所的整洁，下课前要清扫场地、保养设备、收拾好工具和材料、关闭电源、关好门窗，经教师检查后方可收工。

（10）实习结束时，经教师清点人数，总结完毕后方可离开。

3．安全操作的"一想、二查、三严格"

（1）一想：当天生产中有哪些不安全因素以及如何处置，做到把安全放在首位。

（2）二查：查工作场所、机械设备、工具材料是否符合安全要求，有无隐患。如果发现有松动、变形、裂缝、泄漏或听到不正常的声音时应立即停车，并通知有关技术人员检修，确保各种机械设备、电气装置在安全状态下使用。还需查看自己的操作是否会影响周围人的安全，防护措施是否妥当。

（3）三严格：严格遵守安全制度，严格执行操作规程，严格遵守劳动纪律，保证安全生产。

4．电工（电子）安全操作规程

（1）生产实行期间，必须严格执行本专业的安全技术操作规程，服从老师安排指导。

（2）生产实习作业时，必须精神集中，禁止开小差、和他人谈笑而分散注意力。

（3）电路未经验电，应视作有电处理，不得用手触摸，避免事故的发生。

（4）电器设备出现故障，应先切断电源，确认无电后方可处理，而且在电源开关处挂上"不准合闸"的标志。

（5）电器设备的使用必须配合适保险丝或空气开关，行灯使用应当是 36V 安全电压。

（6）不属正常使用的设备、仪表，不得随便开动。

（7）中途停电的设备必须关闭电源。

（8）易燃易爆物品，不得放在容易发生火花的电源附近，避免引起火灾或爆炸事故。

（9）要带电作业时，必须穿戴好绝缘可靠的带防护用品工具，确认与地面绝缘后，应按"用电禁令"的原则逐相作业。

（10）高空作业时，必须使用安全带，检查登高工具。地面辅助人员必须戴上安全帽，避免跌落物品所致事故的发生。

（11）使用梯子时，梯子与地面的角度应以 60° 为宜。在摩擦力较小的地面使用梯子时，要有防滑措施。

（12）检查变压器时，应先断开跌落式开关电源，然后用裸金属线短路实验，确认无残余电后，才能进入作业。

（13）出现人身触电事故应立即切断电源，然后采用正确的挽救方法。

（14）下班前，必须对所有使用的动力设备电器进行检查，并关闭电源，清理收拾工具后方能离开工作岗位。

（15）安全教育的目的是提高全员的安全意识，充分认识安全用电的必要性，同时使工作人员懂得安全用电的基本知识，掌握安全用电的基本方法。

 知识拓展

1．如何遵守校纪厂规安全实习？

2．如何学好电工安全技术？

3．电工（电子）安全操作规程是什么？

4．教学实训中心生产实习中，安全操作的"一想、二查、三严格"内容是什么？

学习任务二

触 电 急 救

2.1　任务页

 学习任务描述

1. 提出任务

电能的广泛应用，给人类的生活带来了极大的方便，但是如果使用不当，就会发生触电事故。如果遇到触电，要能够进行自我保护或者救助他人，尽可能避免电对人的伤害，做到关爱生命，关爱社会。

2. 引导任务

为什么有些人易触电？有些人不易触电？小鸟停在电线上为什么不触电？通过本任务的学习，我们将了解触电的形式和几种常用的急救处理方法。图 2-1 所示为脱离低压电源的两种方法。

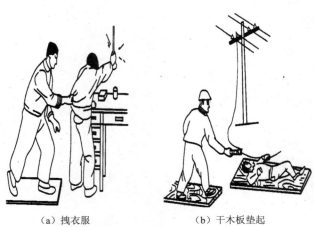

（a）拽衣服　　　　　　（b）干木板垫起

图 2-1　脱离低压电源的两种方法

 任务实施

1. 实施步骤

（1）教学组织

教学组织流程如图 2-2 所示。

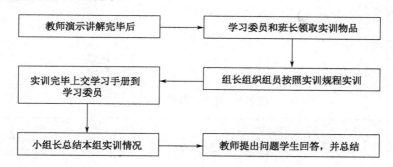

图 2-2　教学组织流程图（学习任务二）

教师讲解完毕，让小组组长分列站好，听到老师指令后按照老师演示的动作规范操作。分组实训：每 2 人一组，每组小组长一名。

① 教师示范讲解

a. 示范电工安全用具的正确使用方法。

b. 示范要求：

- 教师操作要规范，速度要慢；
- 边操作、边讲解介绍，观察学生反应；
- 必要的话要多次示范，让学生参与。

② 学生操作

学生两人一组完成课题任务。

③ 巡回指导

a. 单独指导

对个别学生在实习中存在的问题，给予单独指导。

b. 集中指导

对学生在实习中普遍存在的问题，采取集中指导，解决问题。

c. 巡回指导的注意事项

- 实习操作规范、熟练程度等；
- 答疑和指导操作。

④ 实训完毕上交学习手册到学习委员

⑤ 小组长总结，教师提问并总结

（2）必要器材/必要工具

① 触电急救模拟人 4 个。

② 地毯 4 块。

③ 面膜若干。

④ 软导线 4 条。

⑤ 绝缘杆 4 根。

（3）任务要求

① 查阅相关资料与学习页；

② 人工胸外心脏挤压急救的方法；

③ 人工呼吸急救的方法；

④ 心肺复苏法；

⑤ 整个操作过程规范正确，安全文明。

2. 实训训练步骤

（1）触电急救操作步骤如表 2-1 所示。

表 2-1　触电急救操作步骤

急救方法	适用情况	图示	实施方法
口对口人工呼吸法	触电者有心跳而呼吸停止	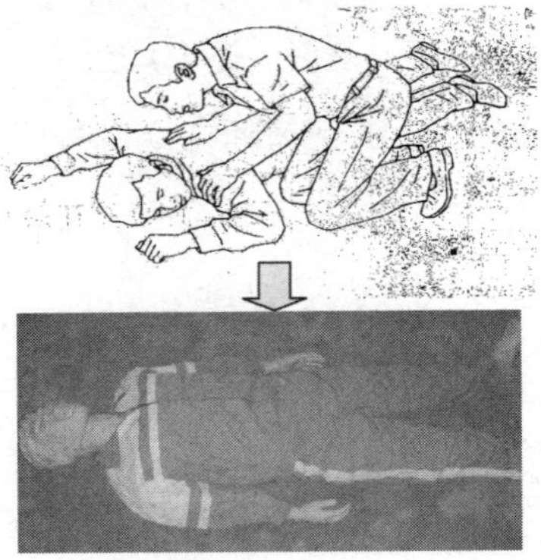	1. 判断意识 ① 拍打双肩。 ② 呼唤。 2. 摆放好触电者的体位：使触电者仰卧在坚固的平（地）面上，将双上肢放置身体两侧
			3. 判断呼吸 将耳贴近触电者的口和鼻，头部偏向触电者胸部。 ① 看：胸部有无起伏 ② 听：有无呼气声 ③ 感：有无气体排出

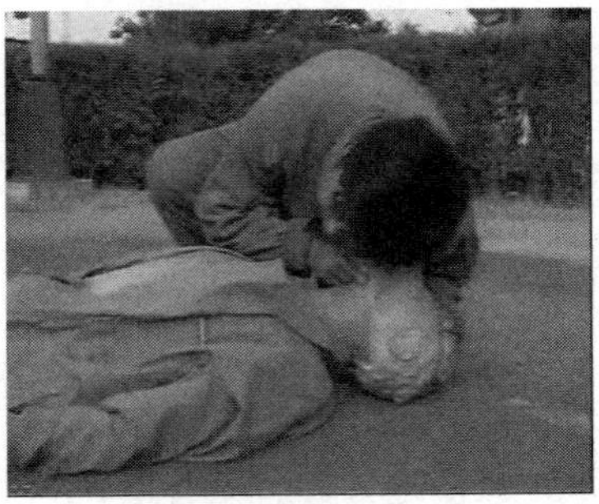

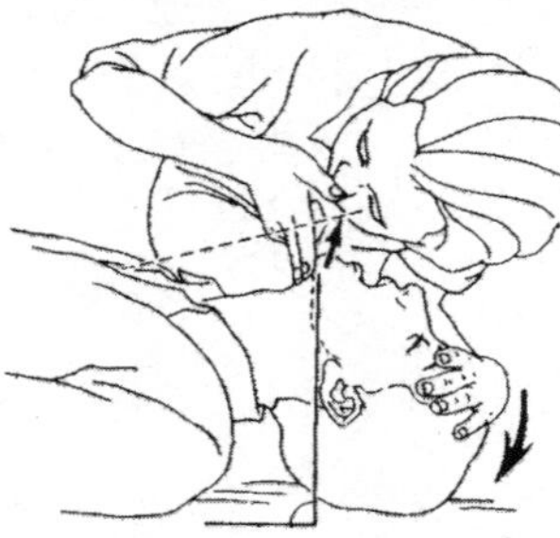

续表

急救方法	适用情况	图示	实施方法
口对口人工呼吸法	触电者有心跳而呼吸停止	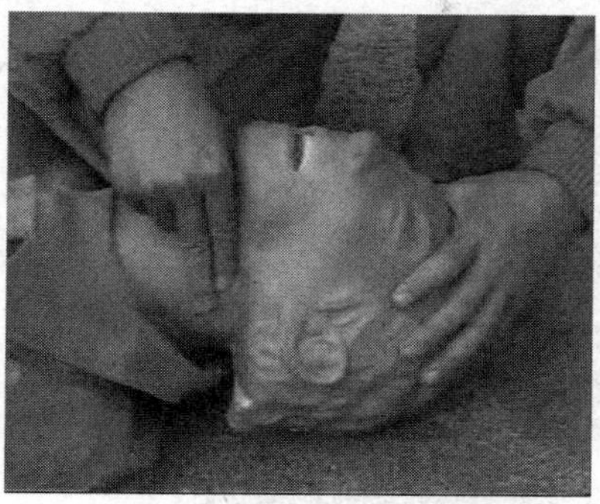	4．判断心跳 触摸颈动脉搏动。 ① 不能用力过大，防止推移颈动。 ② 不能同时触摸两侧颈动脉，防止头部供血中断。 ③ 不要压迫气管，造成呼吸道阻塞。 ④ 检查时间不要超过10s
		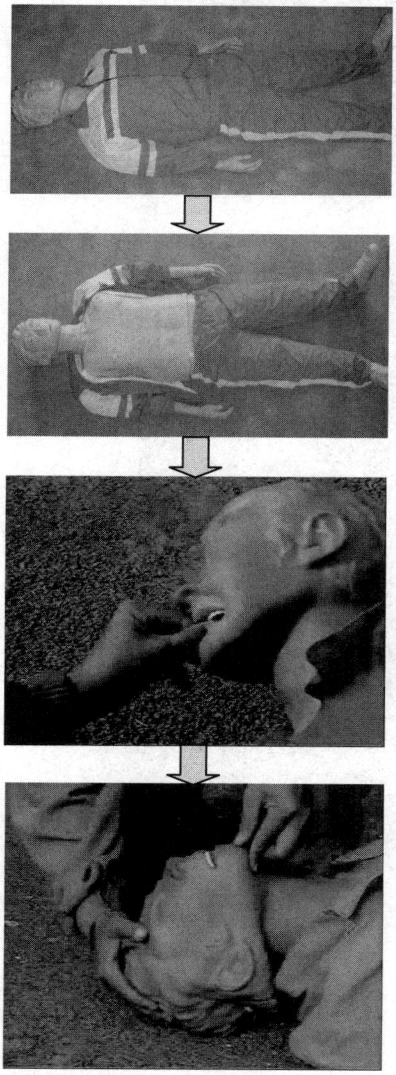	5．畅通气道 ① 解开衣服。 ② 松开腰带。 ③ 然后将触电者头偏向一侧，张开其嘴，用手指清除口腔中的假牙、血等异物，使呼吸道畅通。 ④ 抢救者在病人的一边，使触电者的鼻孔朝天，头后仰。

续表

急救方法	适用情况	图示	实施方法
口对口人工呼吸法	触电者有心跳而呼吸停止	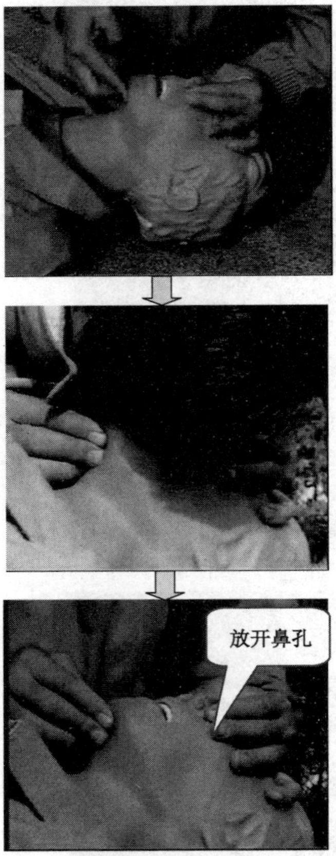 放开鼻孔	6. 口对口人工呼吸 ① 救护人一手捏紧触电者的鼻孔，另一手托在触电者的颈后，将颈部上抬，深深吸一口气，用嘴紧贴触电者的嘴，大口吹气。同时观察触电者胸部的膨胀情况，以略有起伏为宜。 ② 口腔异物不能清除时，采取口对鼻人工呼吸。 ③ 救护人吹气完毕准备换气时，应立即离开触电者的嘴，并放开鼻孔，让触电者自动向外呼气，每5s吹气一次，坚持连续进行，不可间断，直到触电者苏醒为止
胸外心脏挤压法	触电者有呼吸而心跳停止		1. 将触电者仰卧在硬板或地上，颈部枕垫软物使头部稍后仰，松开衣服和裤带，急救者跪在触电者腰部或在触电者侧身

续表

急救方法	适用情况	图示	实施方法
胸外心脏挤压法	触电者有呼吸而心跳停止	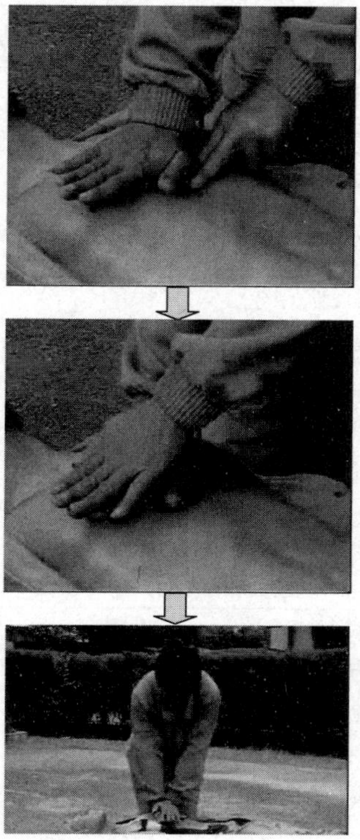	2. 胸外心脏挤压法 ① 按压位置：将右手食指和中指并拢，沿肋弓下缘上滑到肋弓和胸骨切肌处，把中指放在切肌处，将左手手掌根紧贴右手食指，左手掌复压在右手背上。 ② 按压姿势：两臂垂直，肘关节不屈，两手相叠，手指向前翘起并不触及胸壁，应用上身重力垂直下压。 ③ 按压频率：60～80次/min ④ 按压深度：4～5cm
口对口人工呼吸法和胸外心脏挤压法并用	触电者呼吸和心跳都已停止		一人急救：两种方法应交替进行，即吹气2～3次，再挤压心脏10～15次，且速度都应快些，操作顺序是先吹气，后再做胸外挤压。 注意：操作顺序切不可弄反
		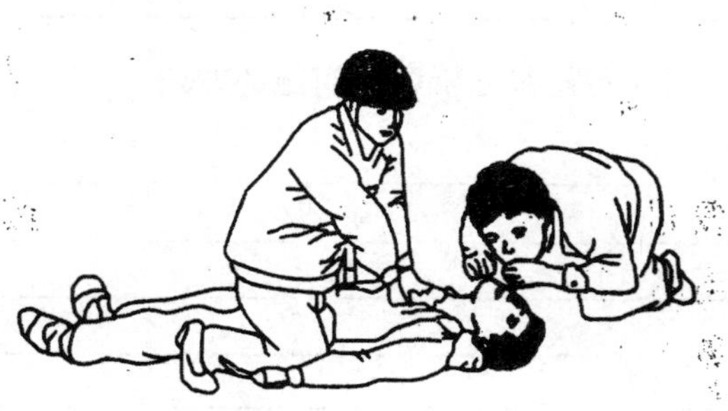	两人急救：每5s吹气一次，每秒钟挤压一次，操作顺序是一人先吹气，后另一人再做胸外挤压。 注意：操作顺序切不可弄反

（2）评分表

评分表如表 2-2 所示。

表 2-2　学习任务二评分表

序号	项目内容	评分标准	配分	扣分	得分
1	仰卧姿势、呼救	1. 有呼唤触电者动作（2.5分） 2. 有摆好手脚等动作（2.5分）	5分		
2	检查有无呼吸、心跳	1. 手指或耳朵检测有无呼吸（2.5分） 2. 把脉位置正确（2.5分）	5分		
3	检查口中有无异物、松开衣物、站位姿势正确	1. 口中有无异物（2分） 2. 松开紧身衣物（2分） 3. 站位正确（1分）	5分		
4	畅通气道	1. 打开气道方法正确、一手扶颈一手抬额头（2.5分） 注意：此步动作正确才可做下一步，否则要再打开气道而且第一次打开气道不成功，扣1分；第二次打开气道不成功，扣3分（即每打开一次气道不成功，多扣2分） 2. 试吹气，眼睛要有观察胸部的动作（5分）	15分		
5	口对口人工呼吸抢救过程	1. 呼吸动作（5分） 2. 有捏鼻子动作（5分） 3. 吹气长短、气量合适（5分） 4. 有松鼻子动作（5分） 5. 时间节奏、次数合适（5分）	25分		
6	找压力点	能一次正确找到压力点（5分）（每错一次扣2.5分）	5分		
7	姿势正确	1. 手臂直（2.5分） 2. 用掌根（2.5分）	5分		
8	按压动作	1. 按压力度大小合适（以显示为准），15分（每错一次扣1分） 2. 按压方向垂直（5分） 3. 稍带冲击力按压，然后迅速松开（5分） 4. 频率：每分钟60～80次（5分）	30分		
9	按压过程协调性	整个过程连贯、协调（5分）	5分		
10	安全文明生产	违反安全文明操作规程酌情扣分			
11	总分				

3. 写出在实习操作中碰到的问题和分析解决问题的方法

实习操作中碰到的问题：_____

_____

_____

解决的方法：_____

_____

_____
_____
_____
_____

4．口述题

（1）触电者脱离电源后，如何抢救？

触电者脱离电源后，按电击情况的轻重决定紧急救护方法，在救护的同时还要通知医生前来抢救。在触电后可能出现以下几种情况。

① 若触电者的伤害并不严重，未失去知觉，神志清醒，感到有些心慌、乏力、肢体发麻时，应使触电者休息，保持安静，切忌嘈杂喧哗，救护人不要远离触电者，要严密注视着触电者有无异常的变化。

② 若触电者还能呼吸，心脏尚在跳动，但已失去知觉时，应使其休息，保持安静，松开衣服，以便呼吸通畅，同时加强观察，以防伤者发生变化。

③ 若触电者伤害较严重，已停止呼吸，心脏微有跳动，已失去知觉时，应立即进行人工呼吸。

④ 若触电者呼吸、心跳都停止，并完全失去知觉时，则伤者已相当严重。此时应立即进行人工呼吸和人工胸外心脏挤压法进行急救。

（2）触电后对人体造成哪些伤害？

触电伤害有电伤和电击两种，这是根据电流通过人体后所产生的伤害性质区分的。

电流通过人体时，造成人体的外部组织局部损害的属于电伤；电流通过人体时，造成人体内组织破坏的属于电击。电伤和电击都是由于电流通过人身或影响到人体而造成的，所不同的是电伤较轻，电击较重。

电伤有烧伤、电烙印、皮肤金属化等。

烧伤的特征是皮肤红肿、起泡或烧焦，与火烫伤同。烧伤一般是由电弧造成的，也有的是电弧熔化金属飞溅到人体造成的。

电烙印是在人体上留下的形状不同的痕迹。此种电伤虽不及烧伤严重，但也破坏了皮肤组织，使皮肤硬化，短期即可痊愈。

皮肤金属化是在发生电弧时，将熔化或蒸发的金属微粒喷射到皮肤上，并渗入到皮肤内，它对皮肤组织的破坏甚轻，复原的时间可以更短些。

电击是人体直接接触了带电的导线或设备的带电部分，这样就有电流通过人体，按电流的大小表现出各种现象，有肌肉痉挛、心脏麻痹、死亡等。

5．注意事项

（1）施行人工呼吸和胸外心脏挤压抢救要坚持不断，切不可轻率中止，运送途中也不能中止抢救；

（2）应注意触电者的皮肤和瞳孔的变化，若皮肤由紫变红、瞳孔由大变小，则说明抢救收到了效果；

（3）只有触电者身上出现尸斑，身体僵冷，经医生作出无法救活的诊断后，才能停止抢救。

知识要点

一、选择题

1. 按国际规定，电压（   ）以下不必考虑防止电击的危险。

　　A．36 伏　　　　　　　　　B．65 伏　　　　　　　　C．25 伏

2. 触电事故中，绝大部分是（   ）导致人身伤亡的。

　　A．人体通过电流遭到电击　　　B．烧伤　　　　　　　C．电休克

3. 如果触电者伤势严重，呼吸停止或心脏停止跳动，应竭力施行（   ）和胸外心脏挤压。

　　A．按摩　　　　　　　　　　B．点穴　　　　　　　　C．人工呼吸

4. 在巡视检查中，发现有威胁人身安全的故障时，应采取（   ）或其他临时性安全措施。

　　A．报告领导　　　　　　　　B．全部停电

　　C．全部停电、部分停电

5. 民用照明电路电压是（   ）。

　　A．直流电压 220 伏　　　　　B．交流电压 280 伏

　　C．交流电压 220 伏

二、填空题

1. 保证用电安全的基本要素是_____、_____、_____、_____等。只要这些要素都能符合安全规范的要求，正常情况下的用电安全就可以得到保证。

2. 电流对人体的伤害有两种类型，即_____和_____。

3. 从人体触及带电体的方式和电流通过人体的途径，触电可分为_____、_____和_____。

4. 人体是导体，当人体接触到具有不同_____的两点时，由于_____的作用，就会在人体内形成_____，这种现象就是触电。

5. 触电急救的原则是_____、_____、_____、_____。

三、问答题

1. 在进行触电急救练习中发现有哪些没做到位？

_____

_____

_____

_____

2. 在进行口述时哪些知识没有完全掌握？

_____

_____

_____

_____

3．在安全文明生产中有没有违规操作？

_____

_____

_____

_____

综合评定

1．自我评价

（1）本节课我学会和理解了：

_____

_____

_____

（2）我最大的收获是：

_____

_____

_____

_____

（3）我的课堂体会是：快乐（　）、沉闷（　）

（4）学习工作页是否填写完毕？是（　）、否（　）

（5）工作过程中能否与他人互帮互助？能（　）、否（　）

2．小组评价

（1）学习页是否填写完毕？

评价情况：是（　）、否（　）

（2）学习页是否填写正确？

错误个数：1（　）2（　）3（　）4（　）5（　）6（　）7（　）8（　）

（3）工作过程当中有无危险动作和行为？

评价情况：有（　）、无（　）

（4）能否主动与同组内其他成员积极沟通，并协助其他成员共同完成学习任务？

评价情况：能（　）、不能（　）

（5）能否主动执行作业现场 6S 要求？

评价情况：能（　）、不能（　）

3．教师评价

综合考核评比表如表 2-3 所示。

表 2-3　学习任务二综合考核评比表

序号	考核内容	评分标准	配分	自我评价 0.1	小组评价 0.3	教师评价 0.6	得分
1	任务完成情况	按照填空答案质量评分	10分				
		仰卧姿势，呼救，检查有无呼吸，心跳，检查口中有无异物，松开衣物，站位姿势正确	15分				
		急救动作，协调性	15分				
2	责任心与主动性	若丢失或故意损坏实训物品，全组得0分，不得参加下一次实训学习	15分				
		主动完成课堂作业，完成作业的质量高，主动回答问题	10分				
3	团队合作与沟通	团队沟通，团队协作，团队完成作业质量	10分				
4	课堂表现	上课表现（上课睡觉，玩手机，或其他违纪行为等）一次全组扣5分。	15分				
5	职业素养（6S标准执行情况）	无安全事故和危险操作，工作台面整洁，仪器设备的使用规范合理	10分				
6	总分						

```
获得等级：90分以上（  ）☆☆☆☆☆    积5分
         75～90分（  ）☆☆☆☆      积4分
         60～75分（  ）☆☆☆        积3分
         60分以下（  ）            积0分
         50分以下（  ）            积-1分
```

注：学生每完成一个任务可获得相应的积分，获得90分以上的学生可评为项目之星。

教师签名：＿＿＿＿＿＿

日期　　年　　月　　日

 2.2 学习页

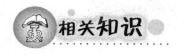 学习目标

1. 触电急救基本知识
2. 触电急救方法

相关知识

1. 触电急救基本知识

（1）让触电者脱离电源的方法

触电急救的第一步就是使触电者迅速脱离电源。使触电者迅速脱离电源的原则是安全、迅速、科学。

① 低压电源的脱离方法。若能拉下开关或拔下插头的应立即采取此方法切断电源；若不能采取拉下开关或拔下插头的方法来切断电源时，应做好与触电者保持绝缘的前提下使触电者脱离电源，如戴上绝缘手套拖动触电者脱离电源，或用干燥的木棒、绝缘物等挑开触电者身上的导线，或用有绝缘手柄的钢丝钳剪断电线的方法来使触电者脱离低压电源。总之，脱离低压电源的前提是确保救护者的安全，方法应根据实际情况而定，如图 2-3 至图 2-8 所示为脱离低压电源的 6 种方法，分别是"拔"、"拉"、"切"、"挑"、"拽"、"垫"。

图 2-3　拔掉电源插头

图 2-4　拉下开关

② 高压电源的脱离方法。触电者若是触及高压电源的，若是有条件的情况下应穿戴好绝缘手套和绝缘靴立即拉下高压断路器（如图 2-9 所示）。最好的办法是电话通知相关部门立即停电或报警处理。

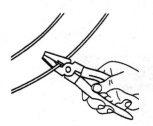

图 2-5 切电线

图 2-6 挑电线

图 2-7 拽衣服

图 2-8 干木板垫起

（2）触电者病情的诊断方法

① 呼吸及心跳的判断。对触电者呼吸情况的判断：首先将触电者移至通风处宽衣仰卧（如图 2-10 所示），用手背靠近触电者的鼻孔，可以感觉到是否有呼吸的气流。对触电者心跳情况的判断：可通过观察胸部判断心跳和摸颈动脉的方法来判断（如图 2-11 和图 2-12 所示）。

图 2-9 拉下电源总闸

图 2-10 移至通风处宽衣仰卧

图 2-11 观察胸部判断心跳

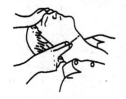

图 2-12 摸颈动脉

② 死亡的简易判别。人体死亡的五个特征分别是：呼吸停止，心跳停止，关节僵硬，皮肤出现尸斑，瞳孔放大（如图 2-13 所示）。

纯粹的心肺停止是不能断定为死亡，而应该认为是"假死"，即还有抢救的可能。

（3）正常人心率和呼吸率

成年人体正常的心率大概是 60～70 次/分钟；人体正常的呼吸率大概是 12 次/分钟。

2. 触电急救方法

（a）正常的瞳孔　　（b）放大的瞳孔

图 2-13　观察瞳孔

（1）口对口（鼻）人工呼吸法

训练方法：

在老师指导下，以同学间相互对练的方式进行，或对模拟人进行操作的方式训练。

① 畅通气道要领。若触电者呼吸停止时，要紧的是始终保持气道的畅通。如图 2-14 所示为畅通气道要领：一是让触电者仰面躺于平硬的地方，迅速宽衣解扣并清除口中异物；二是采用仰头抬颏法使舌根自然抬起且鼻孔朝天，而使气道畅通。

（a）清理口腔异物　　　　　　　　（b）头部后仰至鼻孔朝天

图 2-14　畅通气道要领

② 口对口（或鼻）人工呼吸的要领。

a. 触电者气道畅通后，抢救者用一只手捏紧触电者的鼻（或口），并深吸一口气后，用嘴紧贴触电者的嘴，大口吹气使触电者的胸部扩张，为时 2 秒钟；

b. 吹气完了后，抢救者稍作抬头，让嘴离开触电者的嘴，同时放松捏鼻（口）的手，让触电者自行呼气，为时 3 秒钟；

c. 如此反复地、坚持连续地进行以上两动作（如图 2-15 和图 2-16 所示），不可间断，直到触电者苏醒为止。

图 2-15　口对口吹气要领　　　　　图 2-16　放松呼气要领

③ 人工呼吸抢救法的注意事项。

a. 当触电者嘴巴紧闭而无法用口对口人工呼吸法时，可采用口对鼻人工呼吸法。

b. 人体的肺泡就如气球，因此触电者的吸气过程（即抢救者的吹气过程）是被动的（就如气球被吹胀），而触电者的呼气过程（即抢救者的松手过程）是自动的（就如放松气球自动收缩排气）。

c. 触电者若是儿童，吹气的力度应该轻些，以免吹破肺泡。

d. 此方法是针对心跳正常而呼吸停止的触电者而进行的急救方法。

（2）胸外挤压心脏复苏法

训练方法：

在老师指导下，以同学间相互对练的方式进行，或对模拟人进行操作的方式训练。如图 2-17 至图 2-20 所示是胸外挤压心脏复苏法要领。

图 2-17　按压部位

图 2-18　按压动作要领

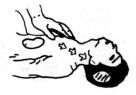

图 2-19　压出心脏中的血液

图 2-20　放松手掌，心脏扩张而收回血液

① 胸外挤压心脏复苏法要领。

a. 让触电者仰卧在硬板上或地面上，并抬头仰颏，保持气道畅通，松衣解扣，抢救者跪跨在触电者腰上方或双跪在触电者的左侧；

b. 抢救者将双手掌根相叠，右掌在下并按于触电者胸骨下 1/2 处，中指指尖位置在颈部凹陷下缘处；

c. 掌根用力下压 3～4cm，让触电者心脏收缩，并将血液从心脏压出，并通过动脉到全身；

d. 然后手掌突然放松，让触电者的心脏自动扩张，并将血液从全身通过静脉回流到心脏。

就这样以每秒一次的频率有节奏地、反复地挤压和放松触电者的心脏，使触电者的心脏被动地搏动，直到触电者苏醒为止。

② 胸外挤压心脏复苏法注意事项。

a. 人体的心脏就如维修钟表时使用的用来吹尘的橡皮气囊，其收缩动作是被动的，而扩张动作是自动恢复的。

b. 在放松心脏时，抢救者的掌根不必抬起或离开触电者的身体，以免影响挤压的速率。

c. 触电者若是儿童，压陷 2～3cm 为宜。

d. 此方法是针对心跳停止而呼吸正常的触电者而进行的急救方法。

（3）心肺复苏法

① 有时病人心跳、呼吸全停止。

a. 急救者只有一人时（如图 2-21 所示），也必须同时进行心脏按压及口对口人工呼吸。此时可先吹 2 次气，立即进行按压 15 次，然后再吹 2 口气，再按压 15 次，反复交替进行，不能停止（单人急救 15∶2）。

b. 急救现场存在 2 人以上者（如图 2-22 所示），可采取双人急救。一人做胸外心脏按压法，正位或侧位，一人侧位口对口人工呼吸法。首先为电击者尽快补氧，先做 2 次人工呼吸，然后做 5 次胸外心脏按压；然后开始循环做 1 次人工呼吸、5 次胸外心脏按压，直至救助完毕（双人急救 5∶1）。

图 2-21　一人急救　　　　　　　　　图 2-22　两人急救

② 心肺复苏法的注意事项。

施行人工呼吸和胸外心脏按压抢救要坚持不断，切不可轻率中止，运送途中也不能中止抢救，并在抢救过程中进行再判定，用看、听、试和摸脉搏及观察瞳孔的方法，完成对伤员呼吸和心跳是否恢复进行再判定；如瞳孔缩小、脉搏和呼吸恢复、面部红润，则急救成功。只有触电者身上出现尸斑，身体僵冷，经医生作出无法救活的诊断后，才能停止抢救。

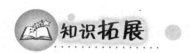

预防措施

（1）定期检查家用电器的线路，以防老化而引起触电和火灾。

（2）不要用手玩弄电源插座或绝缘不好的电灯灯头。

（3）收音机、录音机和电视机等家用电器突然停止运转，或照明不亮，或开关绳已断时，必须请专业人员来修理。

（4）插电源插头时注意手指不要触及簧片，以防触电。

（5）电线及插座不要让孩子摸到，插座可用塑料盖盖住，或使用安全插座，以免孩子不小心触电。

（6）使用电热毯，应在入睡前将电热毯预热，睡觉时一定要切断电源。

（7）认识电的危险标志。不要在高压电或变压器周围玩耍，如捕捉蝴蝶、蜻蜓，放风筝等；不要爬电线杆，防止触电。

（8）当他人发生触电时，切不可直接用手去拉触电的人。

（9）雷雨天气，当闪电和雷声剧烈时不要到阳台或门口处逗留；不要在大树下、电线杆旁或高屋墙檐下避雨，以被防雷电击伤。

（10）不要把铁丝缠在电线上。

照明灯具及插座的安装

3.1 任务页

学习任务描述

1. 提出任务

照明灯具的作用已经不仅仅局限于照明，它也是家居的眼睛，更多的时候起到的是装饰作用。因此照明灯具的选择就要更加复杂，它不仅涉及安全用电，而且会涉及材质、种类、风格、品位等诸多因素。

2. 引导任务

灯具的种类有很多，究竟该如何选用呢？白炽灯照明线路及插座该如何安装？日光灯照明线路又该如何安装呢？

任务实施

1. 实施步骤

（1）教学组织

教学组织流程如图 3-1 所示。

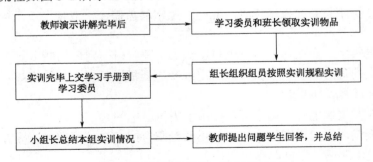

图 3-1　教学组织流程图（学习任务三）

教师讲解完毕，让小组组长分列站好，听到老师指令后按照老师演示的动作规范操作。

分组实训：每2人一组，每组小组长一名。

① 教师示范讲解。

a. 示范电工安全用具的正确使用方法。

b. 示范要求：

• 教师操作要规范，速度要慢；

• 边操作、边讲解介绍，观察学生反应；

• 必要的话要多次示范，让学生参与。

② 学生操作。

学生两人一组完成课题任务。

③ 巡回指导。

a. 单独指导：对个别学生在实习中存在的问题，给予单独指导。

b. 集中指导：对学生在实习中普遍存在的问题，采取集中指导，解决问题。

c. 巡回指导的注意事项：

• 实习操作规范、熟练程度等；

• 答疑和指导操作。

④ 实训完毕上交学习手册到学习委员。

⑤ 小组长总结，教师提问并总结。

（2）必要器材/必要工具

① 照明电路实验板。

② 电工工具一套。

③ 万用表一块。

③ 导线若干。

（3）任务要求

① 能了解照明灯具及插座的结构、组成、分类；

② 能理解白炽灯照明线路及插座的工作原理；

③ 掌握白炽灯照明线路及插座的安装；

④ 掌握日光灯照明线路的工作原理；

⑤ 掌握日光灯照明线路的安装；

⑥ 整个操作过程规范正确，安全文明。

2. 实习课题

（1）安装控制一只白炽灯的照明电路的步骤如表3-1所示。

表3-1　安装控制一只白炽灯的照明电路

步　　骤	图　　示	操 作 方 法
1. 安装前检查		1. 检查白炽灯等器件有无损坏 2. 先把闸刀开关、白炽灯座、拉线开关、圆木在木板的预定位置固定好

续表

步　骤	图　示	操　作　方　法
2.固定元件，在控制板上按布置图安装电器元件		
3.实物安装图		注意：闸刀开关的安装，必须是向上推时为闭合，不可倒装 3.连接。白炽灯灯头必须采用塑料软线（或花线）作为电源的引线 4.合上闸刀开关，观察白炽灯是否明亮。若不亮，需重新检查各器件及连线
注意事项	各种灯具、开关都必须安装得牢固可靠，白炽灯必须装木台和灯座，每只灯座一般只允许接装一盏电灯，白炽灯的电源引线绝缘必须良好，较重或较大的白炽灯必须采用金属键条或其他方法支持。灯具与附件的连接必须正确、牢靠。离地距离一般不应低于2m，如因生活、工作需要而必须把灯放低时，其离地最低距离不能低于1m，还应在白炽灯电源引线上穿套绝缘管加以保护，且必须采用安全灯座	

考核时间：要求20分钟内完成。

名称：安装控制一只白炽灯的照明线路。

评分原则：接线准确，开关应切断火线。

口述：室内各种场所照明灯具的安装高度，墙边开关、拉线开关安装高度，照明分路总开关的安装高度。

扣分标准见表3-2。

表3-2　学习任务三（1）扣分标准表

序　号	扣　分　项　目	扣　分　数
1	漏接（开关、灯座、保险丝盒）	15分
2	相线、零线都进开关	15分
3	相线没经开关	10分
4	相线先进保险盒，后进开关	10分
5	黄绿双色线作零线或相线	5分
6	口述不会或回答不完整	3～5分

（2）安装控制一只 20W 日光灯的照明电路的步骤如表 3-3 所示。

表 3-3　安装控制一只 20W 日光灯的照明电路

步　骤	图　示	操　作　方　法
1. 绘制电路图		1. 检查日光灯灯管等器件有无损坏。 2. 先把闸刀开关、吊线盒、拉线开关、圆木在木板的预定位置固定好。 3. 连线。 4. 合上闸刀开关，观察灯管是否明亮。若不亮，需重新检查各器件及连接
2. 固定元件，在控制板上按布置图安装电器元件		
3. 实物安装图		
注意事项	闸刀开关的安装，必须是向上推时为闭合，不可倒装	

考核时间：要求 20 分钟内完成。

名称：安装控制一台 20W 日光灯的照明电路。

评分原则：接线准确，选择合适的镇流器和启辉器配套使用。

口述：镇流器及电容器在电路起什么作用？

扣分标准见表 3-4。

表 3-4　学习任务三（2）扣分标准表

序号	扣分项目	扣分数
1	漏接一个器件	15分
2	相线、零线都进开关	15分
3	开关控制零线	10分
4	相线先进保险盒，后进开关	10分
5	不能正确接线	15分
6	黄绿双色线作零线或相线	5分
7	口述不会或回答不完整	3～5分

3．写出在实训中碰到的问题和分析解决问题的方法

实训中碰到的问题： _____

_____

_____

_____

解决的方法：

_____

_____

_____

4．注意事项

（1）闸刀开关的安装，必须是向上推时为闭合，不可倒装。

（2）各种灯具、开关都必须安装得牢固可靠，吊灯必须装木台和吊线盒，

（3）每只吊线盒一般只允许接装一盏电灯，吊灯的电源引线绝缘必须良好，较重或较大的吊灯必须采用金属键条或其他方法支持。

（4）灯具与附件的连接必须正确、牢靠。

（5）离地距离一般不应低于 2m，如因生活、工作需要而必须把灯放低时，其离地最低距离不能低于 1m，还应在吊灯电源引线上穿套绝缘管加以保护，且必须采用安全灯座。

知识要点

一、填空题

1．照明灯位应固定安装，不得_____，不得采用_____

2．插座安装高度一般为_____米，在任何情况下插座与地面距离不得小于_____米，居民住宅和儿童活动场所不得小于_____米。

3．根据国家有关部门的规定，_____插头、插座已不准使用。应使用_____的插头、插座。

4．安装螺口灯头时，螺纹的端子必须接在_____上，开关必须接在相线上。

二、问答题

1．白炽灯安装的口诀是什么？

_____

_____

2．简述白炽灯灯具的安装高度。

_____

3．简述墙边开关、拉绳开关、照明分路总开关的安装高度。

_____

_____

4．照明电路中每一单相回路中最大电流值、每一回路用电设备数量和功率总容量数值各为多少？

_____

_____

5．简述镇流器的作用。

_____

_____

6．简述电容器的作用。

_____

_____

7．日光灯管与电容器如何匹配？

_____

_____

综合评定

1．自我评价

（1）本节课我学会和理解了：

_____

_____

（2）我最大的收获是：

_____

_____

_____

（3）我的课堂体会是：快乐（　　）、沉闷（　　）

（4）学习工作页是否填写完毕？是（　　）、否（　　）

（5）工作过程中能否与他人互帮互助？能（　　）、否（　　）

2．小组评价

（1）学习页是否填写完毕？

评价情况：是（　　）、否（　　）

（2）学习页是否填写正确？

错误个数：1（　　）2（　　）3（　　）4（　　）5（　　）6（　　）7（　　）8（　　）

（3）工作过程当中有无危险动作和行为？

评价情况：有（　　）、无（　　）

（4）能否主动与同组内其他成员积极沟通，并协助其他成员共同完成学习任务？

评价情况：能（　　）、不能（　　）

（5）能否主动执行作业现场 6S 要求？

评价情况：能（   ）、不能（   ）

3．教师评价

综合考核评比表如表 3-5 所示。

表 3-5　学习任务三综合考核评比表

序号	考核内容	评分标准	配分	自我评价 0.1	小组评价 0.3	教师评价 0.6	得分
1	任务完成情况	白炽灯照明线路及插座的安装	10分				
		白炽灯照明线路原理图	10分				
		日光灯电路原理图	10分				
		日光灯照明线路的安装	10分				
		综合电路	15分				
2	责任心与主动性	若丢失或故意损坏实训物品，全组得0分，不得参加下一次实训学习	10分				
		主动完成课堂作业，完成作业的质量高，主动回答问题	5分				
3	团队合作与沟通	团队沟通，团队协作，团队完成作业质量	10分				
4	课堂表现	上课表现（上课睡觉，玩手机，或其他违纪行为等）一次全组扣5分	10分				
5	职业素养（6S标准执行情况）	无安全事故和危险操作，工作台面整洁，仪器设备的使用规范合理	10分				
6	总分						

获得等级：90分以上（ ）☆☆☆☆☆　　积5分

　　　　　75～90分（ ）☆☆☆☆　　　积4分

　　　　　60～75分（ ）☆☆☆　　　　积3分

　　　　　60分以下（ ）　　　　　　　积0分

　　　　　50分以下（ ）　　　　　　　积-1分

注：学生每完成一个任务可获得相应的积分，获得90分以上的学生可评为项目之星。

教师签名：＿＿＿＿＿＿＿

日期　　　　年　　月　　日

3.2 学习页

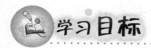 学习目标

照明灯具及插座的基础知识

1. 灯具的种类
2. 灯种的代号及表示方法

白炽灯照明线路及插座的安装

1. 灯具
2. 白炽灯照明线路原理图
3. 白炽灯照明线路的安装
4. 插座的安装
5. 灯具、开关和插座的安装要求

 相关知识

照明灯具的作用已经不仅仅局限于照明，它也是家居的眼睛，更多的时候起到的是装饰作用。因此照明灯具的选择就要更加复杂，它不仅涉及安全用电，而且会涉及材质、种类、风格、品位等诸多因素。照明灯具的品种很多，有吊灯、吸顶灯、台灯、落地灯、壁灯、射灯等；照明灯具的颜色也有很多，无色、纯白、粉红、浅蓝、淡绿、金黄、奶白等。选灯具时，不仅要考虑灯具的外形和价格，还要考虑亮度，而亮度的定义应该是不刺眼、经过安全处理、清澈柔和的光线；还应按照居住者的职业、爱好、情趣、习惯进行选配，并应考虑家具陈设、墙壁色彩等因素。照明灯具的大小与室内空间的大小有密切的关系，选购时，应考虑实用性和摆放效果，方能达到空间的整体性和协调感。

1. 灯具的种类

（1）按安装方式一般可分为嵌顶灯、吸顶灯、吊灯、壁灯、活动灯具、建筑照明六种；

（2）按光源可分为白炽灯（紧凑型荧光灯归为这一类）、荧光灯、高压气体放电灯三类；

（3）按使用场所可分为民用灯、建筑灯、工矿灯、车用灯、船用灯、舞台灯等；

（4）按配光严寒可分为直接照明型、半直接照明型、全漫射式照明型和间接照明型等。

2．灯种的代号及表示方法

（1）民用灯具的灯种代号：代号／灯种。

B/壁灯；L/落地灯；T/台灯；C/床头灯；M/门灯；X/吸顶灯；D/吊灯；Q/嵌入式顶灯；W/未列入类。

（2）光源的种类及代号：代号／光源种类。

G/汞灯；J/金属卤化物灯；Y/荧光灯；X/氙灯；H/混光光源；L/卤钨灯；N/钠灯；不注/白炽灯。

3．白炽灯照明线路及插座的安装

（1）灯具

① 白炽灯泡。

a. 结构：由灯丝、玻壳和灯头三部分组成，如图 3-2 所示。

灯丝：用钨丝制成。

玻壳：用透明的玻璃或不同颜色的玻璃制成。

灯头：插口式和螺口式。

b. 规格：按工作电压分有 6V、12V、24V、36V、110V 和 220V 六种，36V 以下为低压安全灯泡。

图 3-2　白炽灯

② 灯座。

又称灯头，品种较多。常用的灯座品种有：插口吊灯座，插口平灯座，螺口吊灯座，螺口平灯座，防水螺口吊灯座，管接式螺口、插口灯座。图 3-3 所示为三种常用灯座。

按制造灯座的材料分为：胶制灯头（灯泡的功率在 100 瓦以下选用）、瓷制灯头（灯泡的功率在 100 瓦以上及防潮灯具选用）。

（a）螺口平灯座　　　　　（b）螺口吊灯座　　　　　（c）插口平灯座

图 3-3　三种常用灯座

③ 开关。按安装形式划分，可分为明装式（用于拉线开关，板把开关）、暗装式（跷板式开关，触摸式开关）；

按结构划分，可分为单板开关、三板开关、多板开关、单控开关、双控开关。

图 3-4 所示为部分开关样式。

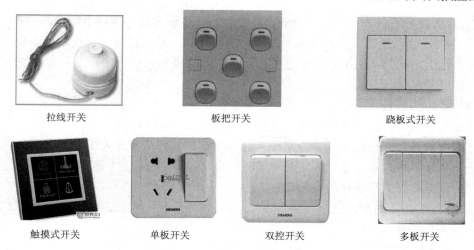

拉线开关　　　　　板把开关　　　　　跷板式开关

触摸式开关　　单板开关　　双控开关　　多板开关

图 3-4　部分开关样式

（2）白炽灯照明线路原理图

① 单灯控制：用一只单联开关控制一盏白炽灯接线电路图如图 3-5 所示。

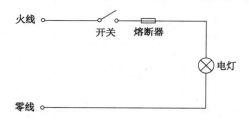

图 3-5　一只单联开关控制一盏白炽灯接线电路图

② 用双联开关控制白炽灯接线电路图如图 3-6 所示。

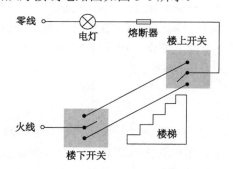

图 3-6　双联开关控制白炽灯接线电路图

（3）白炽灯照明线路的安装

① 插口平灯座的安装：两个接线柱一个与中性线连接，另一个与开关相线连接。

② 螺口平灯座的安装：必须把电源中性线连接在螺纹圈的接线柱上，开关相线应接在中心簧片的接线柱上。

③ 吊灯座的安装。吊灯座必须用两根胶合塑料软线或花线作为与接线盒的连接线。连接时，穿入接线盒孔内上端的塑料软线与穿入吊灯座盖孔内下端的塑料软线都打一个结，使其承受吊灯的重量。

④ 开关的安装。开关一定要安装在相线上，以便断开时开关以下的电路不带电。

⑤ 拉线开关、板把开关的安装。先将一根相线和一开关线分别穿过木台两孔，再将木台固定在墙上，同时将两根导线穿进两孔眼，用木螺钉将开关固定在木台上，并压紧导线连接，装上开关盒。

（4）插座的安装

插座按结构分为单相双板双孔、单相三板三孔、三相四极四孔。

一般圆形两板或三板插座都固定在木台上，其安装方法和开关相似。但应注意插座接线时应左边接零线、右边接相线（面对插座），三板插座中接地柱必须与接地线连接。

（5）灯具、开关和插座的安装要求

① 灯具的安装高度。室外一般不低于 3 米，室内一般不低于 2.4 米。若需降低高度，应考虑采用 36V 低电压。

② 根据不同的安装场所和用途，照明灯具使用的导线最小截面积应符合表 3-6。

表 3-6　照明灯具使用导线最小截面积　　　　　（单位：平方毫米）

用途	安装场所	铜芯软线	铜线	铝线
照明用灯头线	民用建筑室内	0.4	0.5	2.5
	建筑室外	0.5	0.8	2.5
	室外	1.0	1.0	2.5
移动用电设备	生活用	0.75	—	—
	生产用	1.0	—	—

③ 室内照明开关的安装要求。拉线开关一般离地 2～3 米，跷板开关（暗装）一般离地 1.3 米。与门框的距离为 150～200 毫米。

④ 明装插座的安装高度。一般离地 1.4 米，托儿所、小学等明装插座一般不低于 1.8 米。暗装插座一般离地 300 毫米。同一场所安装插座高度应一致。

⑤ 软线吊灯的重量不得超过 1 千克，超重则应加装吊链。

4．日光灯照明线路的安装

（1）日光灯具的组成

① 灯管。由一根直径为 15～40.5 毫米的玻璃管，灯丝和灯丝引出脚组成，如图 3-7 所示。玻璃管内抽成真空后充入少量水银和氩等惰性气体，管壁涂有荧光粉，灯丝由钨丝制成。常用功率有 6W、8W、12W、15W、20W、30W、40W 等。

② 镇流器。

图 3-7　灯管

a. 电感式镇流器：由铁芯和电感线圈组成，功率因数低，需补偿电容器和启辉器来启动；作用：启动时与启辉器配合产生瞬时高压点燃日光灯；在工作时利用串联在电路中的电感来限制灯管电流，延长灯管使用寿命。

注意：镇流器（电感式）的选用必须与灯管配套。

b. 电子式镇流器：由电子元件组成的电子开关电路，功率因数高（≥0.9），不需启辉器和补偿电容器，如图 3-8 所示。

c. 启辉器：由氖泡和并联在氖泡上的纸介电容（电容量在 5000pF 左右）、出线脚以及管壳等组成，如图 3-9 所示。通用型启辉器功率为 4～40W。

图 3-8　镇流器　　　　　　　　　　　　图 3-9　启辉器

d. 灯座。

作用：一对绝缘灯座将日光灯管支撑在灯架上。

● 开启式：大型 15W 以上灯管用；

● 插入式：小型 6W、8W、12W 等细灯管用。

e. 灯架。固定灯座、灯管、启辉器等，规格应配合灯管长度使用。

（2）日光灯电路原理图

① 具有电感式镇流器日光灯线路原理图如图 3-10 所示。

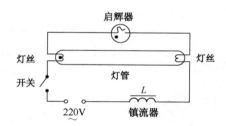

图 3-10　电感式镇流器日光灯线路原理图

a. 接线时，把相线接入控制开关，开关出线必须与镇流器相连，这样可获得较高的脉冲电势，有利于室内温度过低或过高时灯管的启动。

b. 日光灯。由于在电路中接入了电感性的镇流器，故功率因数低，约为 0.45，加上镇流器存在铜损和铁损，一般要消耗 2～8W，其容量是 20W 为 2.5μF，30W 为 3.75μF，40W 为 4.75μF

c. 当电源电压不足 180V 时，所配镇流器瓦数可增一级，即 30W 的光管可配 40W 的镇流器。

② 具有电子镇流器日光灯电路接线图如图 3-11 所示。

a. 接线时，电子镇流器一般有 6 根出线，其中 2 根接电源，另外 4 根分 2 组分别接灯管两边灯丝。

b. 优点：使用电子镇流器的荧光灯无 50Hz 频闪效应，在环境温度负 25～40℃，电压 130～240V 时，经 3s 预热便可一次快速启动日光灯；启动时无火花，功率因数≥0.9，不需增加补偿电容，灯管使用寿命长（2 倍以上），节能。

原传统电子式日光灯接线图

图 3-11 电子式镇流器日光灯接线图

5. 综合电路

要求：

（1）用两个双联开关控制一盏灯；

（2）用一个单联开关控制一盏日光灯；

（3）有插座和漏电保护；

（4）漏电保护开关的结构：由开关装置、漏电脱扣器、零序电流互感器等组成。

工作原理：正常时，流过 LH 的电流 I_1、I_2 大小相等，方向相反。铁芯中产生的磁通量也互相抵消，即 $\Phi_1 + \Phi_2 = 0$。

当发生人身触电或设备接地等故障时，漏电电流直接流入大地不返回零线，使零序电流互感器的铁芯磁通不平衡，即 $\Phi_1 + \Phi_2 \neq 0$，LH 的二次线圈有感应电压输出。经放大后，使漏电脱扣器动作，开关装置跳闸，切断电源。

（5）综合电路接线图如图 3-12 所示。

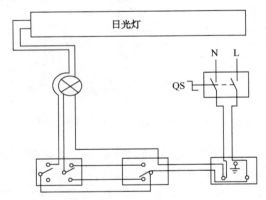

图 3-12 综合电路接线图

① 电路功能。

a. 两地控制白炽灯：用两个双联开关控制一盏白炽灯，只有当两个开关都闭合接通，白炽灯才亮；否则不亮。

b. 用一个单联开关控制一盏日光灯。

c. 一个三孔插座。

d. 有总电源控制、短路保护、漏电保护。

线路的优点：总电源控制，维修方便安全；两地控制，控制方便；缺点：线路比较多，成本较高。

② 线路检测。

a. 短路检测：将万用表的表针分别放在闸刀开关的两极。分别扳动开关，看是否有短路现象。

b. 相线控制：将一支表针接在闸刀开头的相线极，另一支表针分别放在日光灯的相线和灯头的相线（中心极）上。分别扳动控制开关，看是否可以控制通断。

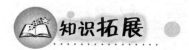 知识拓展

1. 检查照明电路时，用试电笔去接触灯头上的两个铜柱，氖泡都发光，把开关拉动一下后灯亮了。你想一想这是什么原因？

提示：这是因为把开关串接在地线上了。

2. 灯泡忽亮忽暗或有时熄灭，这是什么原因？

① 灯座或开关的接线松动，或熔断丝接触不良，应旋紧；

② 电源电压忽高忽低，或者附近同一线路上有大功率的用电器经常启动；

③ 灯丝忽接忽离（应调换灯泡）。

4.1 任务页

 学习任务描述

1. 提出任务

在电气维修中，导线连接与绝缘恢复、瓷瓶绑扎是电工作业的一项基本工序，也是一项十分重要的工序。导线连接与绝缘恢复、瓷瓶绑扎的质量直接关系到整个线路能否安全可靠地长期运行。图 4-1 所示为几种导线。

2. 引导任务

要正确操作导线连接与绝缘恢复、瓷瓶绑扎，就必须掌握正确的操作要求、步骤。那么，导线连接与绝缘恢复、瓷瓶绑扎等要如何操作，才是正确的呢？

图 4-1　导线

 **任务实施**

1. 实施步骤

（1）教学组织

教学组织流程如图 4-2 所示。

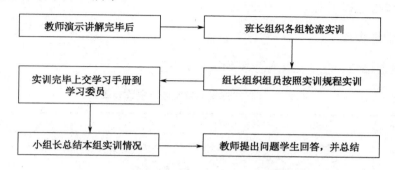

图 4-2　教学组织流程图（学习任务四）

　　教师讲解完毕，让小组组长分列站好，听到老师指令后按照老师演示的动作规范操作。分组实训：每 2 人一组，每组小组长一名。

① 教师示范讲解。

a. 示范电工安全用具的正确使用方法。

b. 示范要求：

- 教师操作要规范，速度要慢；
- 边操作、边讲解介绍，观察学生反应；
- 必要的话要多次示范，让学生参与。

② 学生操作。

学生两人一组完成课题任务。

③ 巡回指导。

a. 单独指导。对个别学生在实习中存在的问题，给予单独指导。

b. 集中指导。对学生在实习中普遍存在的问题，采取集中指导，解决问题。

c. 巡回指导的注意事项

- 实习操作规范、熟练程度等；
- 答疑和指导操作。

④ 实训完毕上交学习手册到学习委员

⑤ 小组长总结，教师提问并总结

（2）必要器材/必要工具

① 电工工具 1 套。

② 街码 3 组。

③ 瓷瓶 9 个。

④ 导线若干。

⑤ 绑扎若干。

（3）任务要求

① 查阅相关资料与学习页；

② 能熟练地掌握单股导线的"一"字、"T"字连接方法；

③ 能熟练地掌握多股导线的"一"字、"T"字连接方法；

④ 能熟练地掌握绝缘层恢复的方法；

⑤ 能熟练地掌握瓷瓶绑扎的方法；

⑥ 整个操作过程规范正确，安全文明。

2. 实训训练步骤

（1）导线连接与架空线路操作步骤如表 4-1 所示。

表 4-1　导线连接与架空线路操作步骤

项目	要求	图示	操作方法
单股导线连接	进行直线连接	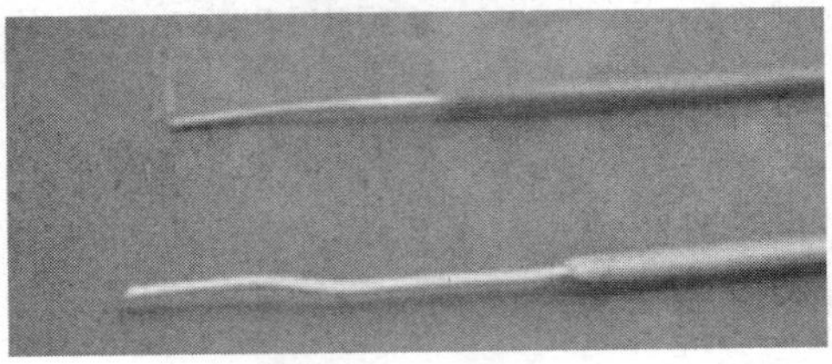	1. 剖削绝缘 　绝缘剖削长度为芯线直径的 70 倍左右，去掉氧化层
		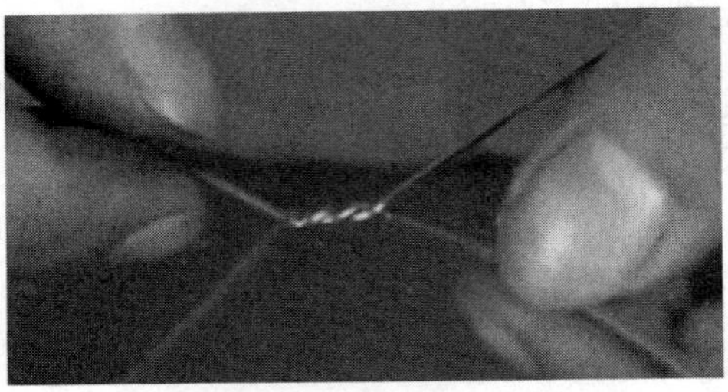	2. 把两线头的芯线进行 X 形相交，互相绞接 2～3 圈
		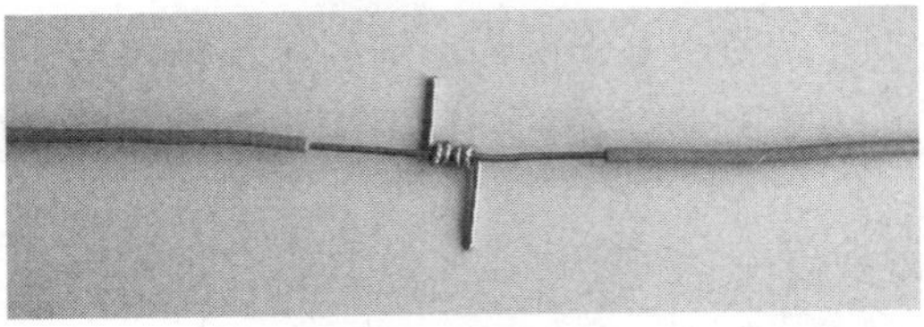	3. 扳直两线头
		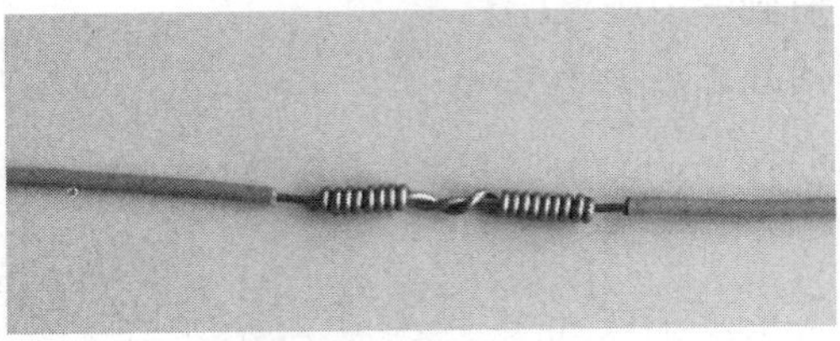	4. 将每个线头在芯线上紧贴并缠绕 6 圈，用钢丝钳切除余下的芯线，并切平芯线末端

续表

项目	要求	图示	操作方法
单股导线连接	进行分支连接	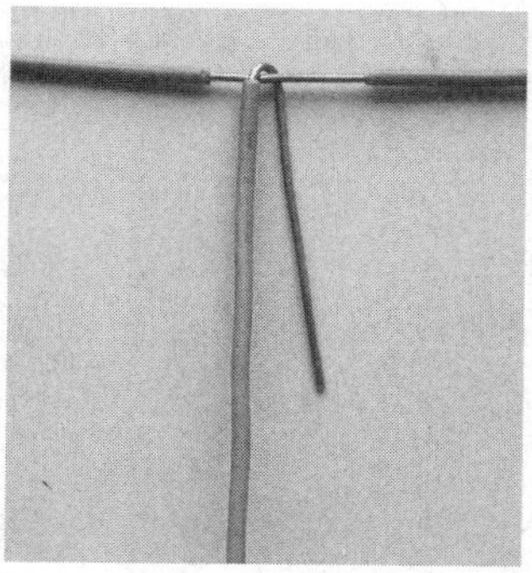	1. 剖削绝缘层。 2. 把两线头十字相交，将分支芯线的线头与干芯线十字相交，使支路芯线根部留出约3～5mm
		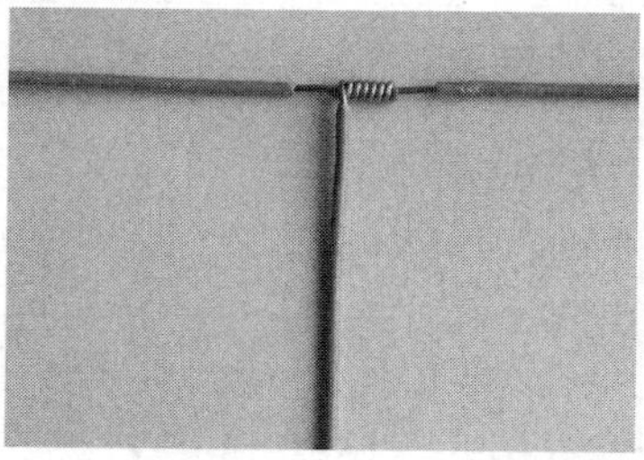	3. 然后按顺时针方向缠绕支路芯线，缠绕6～8圈后，用钢丝钳切去余下的芯线，并切平芯线末端
多股导线连接	进行直线连接	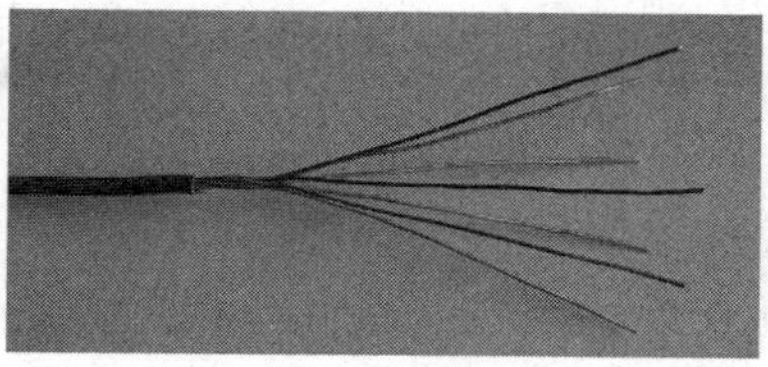	1. 剖削绝缘 绝缘剖削长度应为导线直径的21倍左右。然后把剖去绝缘层的芯线散开并拉直，把靠近根部的1/3长度的芯线绞紧，然后把余下的2/3长度芯线头，分散成伞形，并把每根芯线拉直
		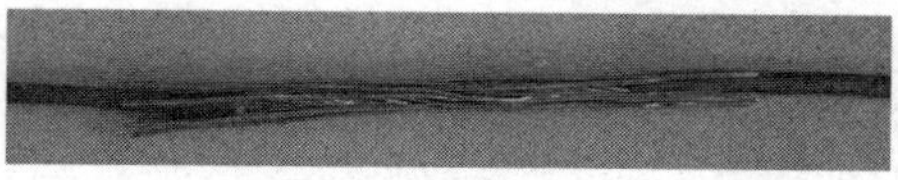	2. 把两个伞形芯线头隔根对叉，并拉平两端芯线
		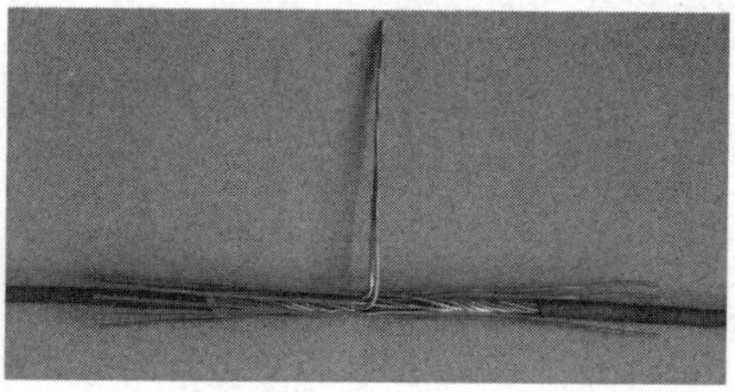	3. 把一端7股芯线按2、2、3根分成三组，接着把第一组2根芯线扳起，垂直于芯线并按顺时针方向缠绕
			4. 缠绕3圈后，切去每组多余的芯线，切平线端。用同样的方法再缠绕另一端芯线

项目	要求	图示	操作方法
多股导线连接	进行分支连接	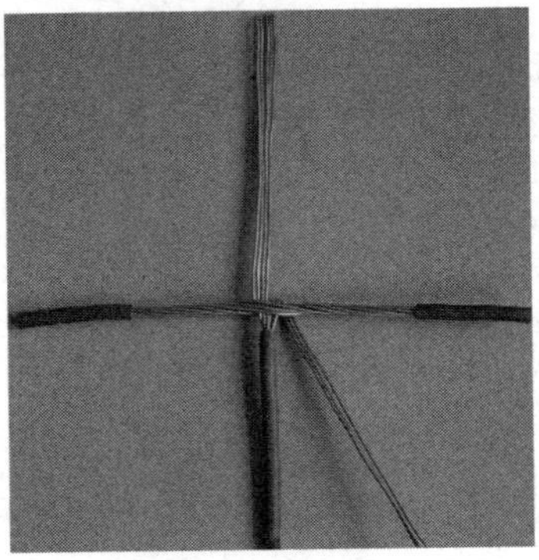	1．剖削绝缘层 把分支芯线散开拉直，线端剖开长度为线径的10倍，接着把近绝缘层的1/8长度的芯线绞紧。把分支线头的芯线分成两组，一组4根，另一组3根，并排齐。然后用旋具把干线芯线撬成两组，再把支线成排插入缝隙间
		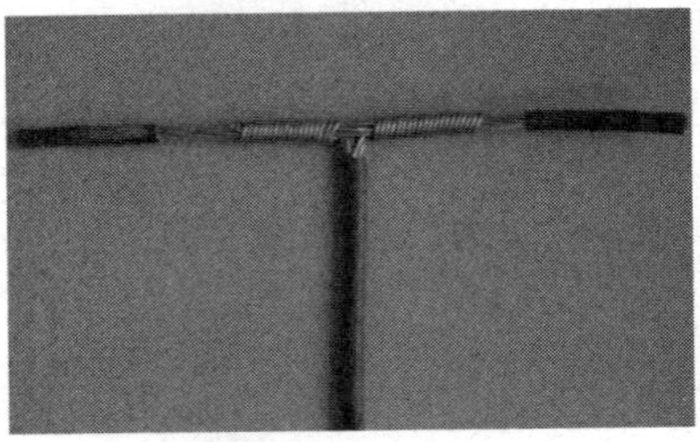	2．将3根芯线的一组往干线一边按顺时针缠绕3～4圈，剪去余端，切平切口毛刺（防漏电）。再将4根芯线的一组往干线一边按顺时针缠绕4～5圈，剪去余端，切平切口毛刺（防漏电）
恢复绝缘层	进行连接导线恢复绝缘层	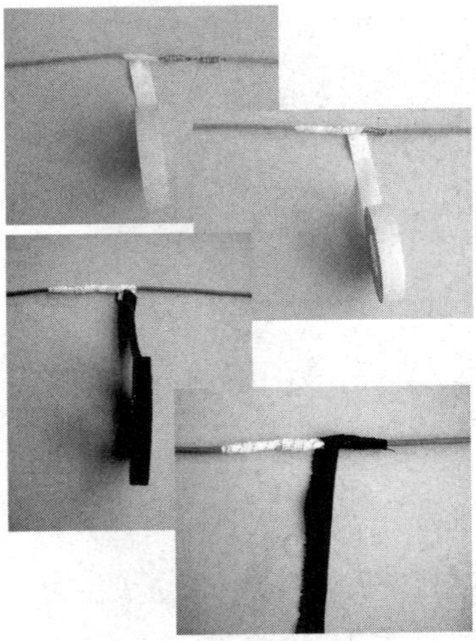	1．导线绝缘层破损后必须恢复绝缘，导线连接后，也须恢复绝缘。恢复后的绝缘强度不应低于原来的绝缘强度。通常用黄蜡带、涤纶薄膜带和黑胶布作为恢复绝缘层的材料，黄蜡带和黑胶布一般宽为20mm较适中，包扎也方便。 2．包扎1层黄蜡带后，将黑胶面接在黄蜡带的尾端，按另一斜叠方向包扎1层黑胶布，每圈也压叠带宽1/2
瓷瓶绑扎	瓷瓶的中间绑扎	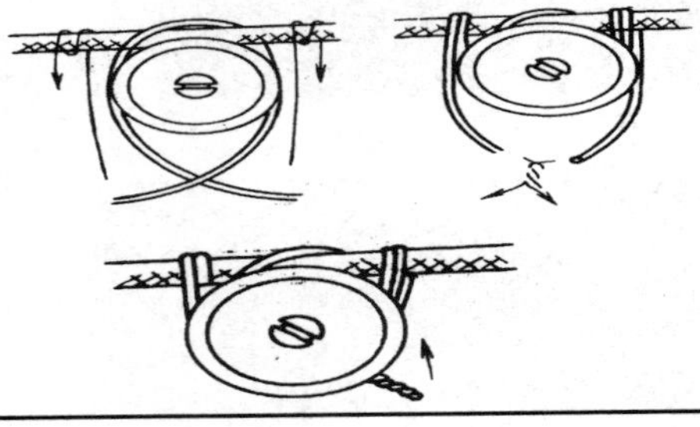	1．单人字绑扎法，适用于线径是6mm²及以下的导线。绑扎导线时，两根导线应放在瓷瓶的同侧或同时放在瓷瓶的外侧，但不可放在瓷瓶的内侧

续表

项目	要求	图示	操作方法
瓷瓶绑扎	瓷瓶的中间绑扎	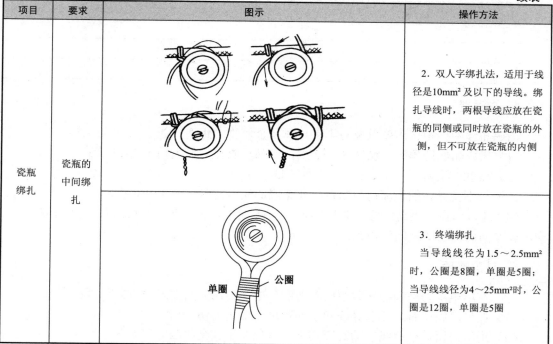	2. 双人字绑扎法，适用于线径是10mm²及以下的导线。绑扎导线时，两根导线应放在瓷瓶的同侧或同时放在瓷瓶的外侧，但不可放在瓷瓶的内侧
		单圈　　公圈	3. 终端绑扎 当导线线径为1.5～2.5mm²时，公圈是8圈，单圈是5圈；当导线线径为4～25mm²时，公圈是12圈，单圈是5圈

（2）评分

评分表如表 4-2 所示。

表 4-2　学习任务四评分表

项目内容	配分	评分标准		得分
导线剖削	20分	1. 导线剖削方法不正确	扣5分	
		2. 导线损伤	刀伤：每根扣5分	
			钳伤：每根扣5分	
导线连接	40分	1. 导线缠绕方法不正确	每处扣10分	
		2. 导线缠绕不整齐	每处10分	
		3. 导线连接不紧、不平直、不圆	每处扣10分	
瓷瓶绑扎	20	1. 瓷瓶绑扎方法不对	扣10分	
		2. 绑扎圈数不够	扣10分	
文明生产	10分	每违反一次	扣10分	
考核时间	10分	考核时间为40min，每超过5min	扣5分，不足5min以5min计	
总分				

3. 写出在实训中碰到的问题和分析解决问题的方法

实训中碰到的问题：_____

_____

_____

解决的方法：_____

_____

_____

_____

_____

_____

4．口述题

街码布线的档距、高度以及与不良导体及金属物的距离，通过门窗的距离：

（1）街码布线的档距：城镇 8～12 米，市郊、农村的最大档距为 15 米；

（2）高度：室内不低于 2.5 米，室外不低于 3 米；

（3）与不良导体的距离：与阳台、非金属的建筑物等不少于 0.1 米。

（4）通过门窗的距离：距门窗上方不少于 15 厘米，下方不少于 0.5 米，水平不少于 0.7 米，以不防碍门窗的开闭为原则。

5．注意事项

（1）在用电工刀剖削导线时要向着地面，电工刀用完后要及时收回放好；

（2）在使用钳子时应注意导线和手的距离，防止夹伤；

（3）用斜口钳进行余线剪除时应朝下，以免发生安全事故。

 知识要点

一、填空题

1. 导线连接的要求_____、_____、_____、_____。

2. 根据所需的长度用电工刀以倾斜_____角切入塑料层 。

3. 街码布线的档距：城镇_____米，郊区农村的最大档距为_____米。

4. 街码布线的高度：室内不低于_____米，室外不低于_____米。

5. 街码与不良导体的距离：与阳台和非金属的建筑物等不少于_____米。

6. 街码与金属物的距离：与金属构架和金属檐蓬等不少于_____米。

7. 街码通过门窗的距离：距门窗上方不少于_____米，下方不少于_____米，水平不少于_____米，以不防碍门窗的开闭为原则。

二、问答题

1. 如何进行塑料硬线绝缘层的剖削？

_____

_____

_____

_____

_____

2．如何进行塑料软线绝缘层的剖削？

_____

_____

_____

_____

3．如何进行花线绝缘层的剖削？

_____

_____

_____

_____

4．如何进行单股铜芯线的直线连接和"T"形连接？

_____

_____

_____

_____

5．如何进行7股铜芯导线的直线连接和分支连接？

_____

_____

_____

_____

_____

6．导线绝缘层剖削后恢复绝缘的操作步骤有哪些？

_____

_____

_____

_____

_____

7．在安全文明生产中，有没有违规操作？

_____

_____

_____

_____

_____

综合评定

1．自我评价

（1）本节课我学会和理解了：

_____

_____

_____

_____

_____

_____

_____

（2）我最大的收获是：

_____

_____

_____

_____

_____

_____

（3）我的课堂体会是：快乐（　）、沉闷（　）

（4）学习工作页是否填写完毕？是（　）、否（　）

（5）工作过程中能否与他人互帮互助？能（　）、否（　）

2．小组评价

（1）学习页是否填写完毕？

评价情况：是（　）、否（　）

（2）学习页是否填写正确？

错误个数：1（　）2（　）3（　）4（　）5（　）6（　）7（　）8（　）

（3）工作过程当中有无危险动作和行为？

评价情况：有（　）、无（　）

（4）能否主动与同组内其他成员积极沟通，并协助其他成员共同完成学习任务？

评价情况：能（　）、不能（　）

（5）能否主动执行作业现场 6S 要求？

评价情况：能（　）、不能（　）

3．教师评价

综合考核评分表如表4-3所示。

表4-3　学习任务四综合考核评比表

序号	考核内容	评分标准	配分	自我评价 0.1	小组评价 0.3	教师评价 0.6	得分
1	任务完成情况	按照填空题答案质量评分	10分				
		导线的连接，绝缘恢复	15分				
		瓷瓶绑扎	15分				
2	责任心与主动性	若丢失或故意损坏实训物品，全组得0分，不得参加下一次实训学习	15分				
		主动完成课堂作业，完成作业的质量高，主动回答问题	10分				
3	团队合作与沟通	团队沟通，团队协作，团队完成作业质量	10分				
4	课堂表现	上课表现（上课睡觉，玩手机，或其他违纪行为等）一次全组扣5分。	15分				
5	职业素养（6S标准执行情况）	无安全事故和危险操作，工作台面整洁，仪器设备的使用规范合理	10分				
6	总分						

获得等级：90分以上（　）☆☆☆☆☆　　　积5分

　　　　　75～90分（　）☆☆☆☆　　　积4分

　　　　　60～75分（　）☆☆☆　　　积3分

　　　　　60分以下（　）　　　　积0分

　　　　　50分以下（　）　　　　积-1分

注：学生每完成一个任务可获得相应的积分，获得90分以上的学生可评为项目之星。

教师签名：＿＿＿＿＿＿

日期　　年　月　日

4.2　学习页

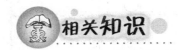

1. 了解导线的连接种类和绝缘的恢复的重要性
2. 学会和掌握触电急救的方法，掌握各种连接和绝缘恢复的方法，要求接触紧密，接头电阻小，驳接牢固，稳定性好，绝缘恢复完好
3. 掌握在瓷瓶上搭线、绑线的技巧、方法

　　在电气维修中，导线的连接是电工的基本操作技能之一。导线连接质量的好坏，直接关系着线路和设备能否可靠、安全地运行。对导线连接的基本要求是：电接触良好，有足够的机械强度，接头美观，绝缘恢复正常。图 4-3 所示为电工师傅正在进行瓷瓶绑扎示范。

图 4-3　瓷瓶绑扎示范

1．导线绝缘层的剖削

（1）塑料硬线绝缘层的剖削

塑料硬线绝缘层可用钢丝钳进行剥离，也可用剥线钳或电工刀进行剖削。

① 芯线截面积为 2.5mm² 及其以下的塑料硬线，一般可用钢丝钳或剥线钳进行剖削，其方法如图 4-4 所示。

a. 用左手捏导线，根据线头所需长短用钢丝钳口切割绝缘层，但不可切入线芯；

b. 然后用手握住钢丝钳头用力向外勒出塑料绝缘层。

c. 剖削出的芯线应保持完整无损，如损伤较大，应重新剖削。

② 芯线截面积大于 2.5mm^2 的塑料导线，可用电工刀来剖削绝缘层。

a. 根据所需的长度用电工刀以倾斜 45°角切入塑料层，如图 4-5 所示。

 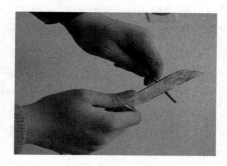

图 4-4　芯线截面积为 2.5mm^2 及其以下的塑料硬线绝缘层的剖削　　图 4-5　电工刀以倾斜 45°角切入塑料层

b. 刀面与芯径保持 25°角左右，用力向线端推削，但不可切入芯线，削去上面一层塑料绝缘层，如图 4-6 所示。将下面塑料绝缘层向后扳翻，如图 4-7 所示。最后用电工刀齐根切去。

 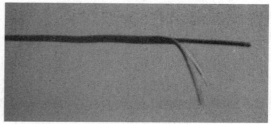

图 4-6　削去上面塑料绝缘层　　　　　　图 4-7　下面塑料绝缘层向后扳翻

（2）塑料软线绝缘层的剖削

塑料软线绝缘层只能用剥线钳或钢丝钳剖削，不可用电工刀剖削，其剖削方法同塑料硬线绝缘层的剖削。

（3）塑料护套线绝缘层的剖削

塑料护套线的绝缘层必须用电工刀来剖削，剖削方法如下：

① 按所需长度用刀尖对准芯线缝隙划开护套层，如图 4-8 所示。

② 向后扳翻护套，用刀齐根切去，如图 4-9 所示。在距离护套层 5～10mm 处，用电工刀以倾斜 45°角切入绝缘层。其他剖削方法同塑料硬线绝缘层的剖削。

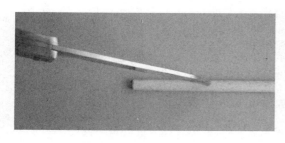 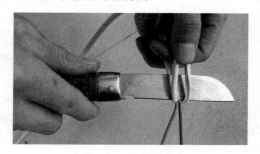

图 4-8　划开护套层　　　　　　　图 4-9　齐根切去护套

（4）橡皮线绝缘层的剖削

橡皮线绝缘层外面有一层柔软的纤维保护层，其剖削方法如下：

① 先把橡皮线纺织保护层用电工刀尖划开，下一步与剖削护套线的护套层方法类同；

② 然后用剖削塑料线绝缘层相同的方法剖去橡胶层；

③ 最后将松散的棉纱层集中到根部，用电工刀切去。

（5）花线绝缘层的剖削

① 在所需长度处，用电工刀在棉纱纺织物保护层四周切割一圈后拉去；

② 距棉纱纺织物保护层末端 10mm 处，用钢丝钳刀口切割橡胶绝缘层，不能损伤芯线。

然后右手握住钳头，左手把花线用力拉开，钳口勒出橡胶绝缘层，方法如图 4-10 所示；

③ 最后把包裹芯线的棉纱层松散开来，用电工刀割去。

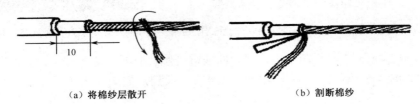

（a）将棉纱层散开   （b）割断棉纱

图 4-10　花线绝缘层的剖削

2．单股导线连接

训练方法

（1）单股导线的直线连接

① 去掉绝缘层，剥削长度为芯线直径的 70 倍左右；

② 两芯线成"X"形相交，如图 4-11（a）所示；

③ 互相绞合 2～3 圈后扳直，如图 4-11（b）所示；

④ 每端线头紧密且均匀按顺时针密绕 6～8 圈，如图 4-11（c）所示；

⑤ 用钢丝钳切去余下的芯线，并切平芯线末端，如图 4-11（d）所示；

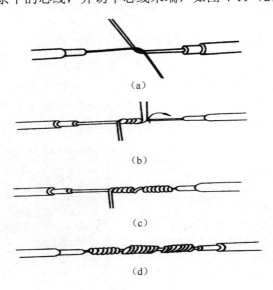

（a）

（b）

（c）

（d）

图 4-11　单股导线的直线连接

（2）单股导线的分支连接

① 支线端与干线十字相交，使支线根部留出约 3mm。

② 按顺时针方向缠绕支路芯线如图 4-12（a）所示，绕 6～8 圈后用钢丝钳切去余下芯线，并切平末端如图 4-12（b）所示。

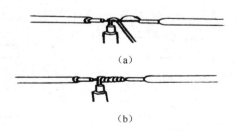

（a）

（b）

图 4-12　单股导线的分支连接

3. 多股导线连接

训练方法

（1）多股导线的直线连接

① 去掉绝缘层；

② 由根部起约 1/3 绞紧，余下 2/3 以自然伞形散开，如图 4-13（a）所示；

③ 两端导线隔根对叉，沿长度方向理顺压实，如图 4-13（b）所示；

④ 把一端七股芯线按 2、2、3 根分成三组，将第一组 2 根芯线扳起，垂直于芯线并按顺时针缠绕 2 圈后，余下芯线向右扳直，如图 4-13（c）所示；

⑤ 第二组的 2 根芯线缠法同上，如图 4-13（d）所示；

⑥ 第三组的 3 根芯线向上扳直按顺时针缠绕 3 圈后，切去多余芯线，钳平末端，如图 4-13（e）所示；

⑦ 用同样方法缠绕另一端芯线，如图 4-13（f）所示。

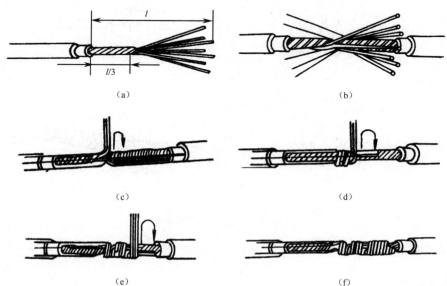

（a）

（b）

（c）

（d）

（e）

（f）

图 4-13　多股导线的直线连接

（2）多股导线的"T"形连接

① 去掉绝缘层；

② 将分支线 1/8 根部绞紧，分支线分为两组，一组 3 根，另一组 4 根，将两组线芯分别排齐。将干线撬为两组，将支线成排插入干线中间，如图 4-14（a）所示；

③ 将分支芯线，一组 3 根，另一组 4 根，分别按顺时针方向和逆时针方向缠绕 3～4 圈，如图 4-14（b）所示；

④ 剪去余端，切平切口，如图 4-14（c）所示。

4．绝缘恢复

训练方法

导线绝缘层破损后必须恢复绝缘，或者导线连接后，也必须恢复绝缘。恢复后的绝缘强度不应低于原来的绝缘强度。通常用黄蜡带和黑胶布作为恢复绝缘层的材料，黄蜡带和黑胶布一般宽为 20mm 较为适中。

（1）首先将黄蜡带从导线左边完整的绝缘层上开始包扎，包扎两根带宽后，方可进入无绝缘层的芯线部分，如图 4-15（a）所示。

（2）包扎时，黄蜡带与导线保持约 55°的倾斜角，每圈压叠带宽的 1/2，如图 4-15（b）所示。包扎 1 层黄蜡带后，将黑胶布接在黄蜡带的尾端如图 4-15（c）所示，按另一斜叠方向包扎 1 层黑胶布，每圈也压叠带宽 1/2，如图 4-15（d）所示。

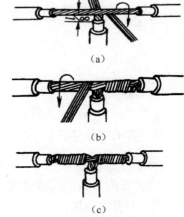

图 4-14　多股导线的"T"形连接

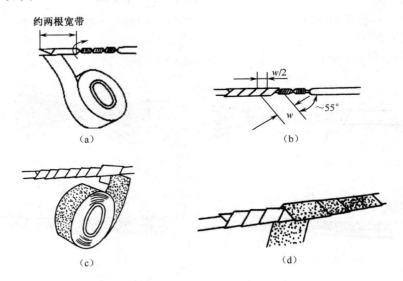

图 4-15　导线绝缘层的恢复

5．瓷瓶绑扎

训练方法

导线在瓷瓶上的绑扎有直线段导线绑扎和终端导线的绑扎两种。

（1）直线段导线与瓷瓶的绑扎

① 单绑法：用于导线截面 6 mm² 以下导线的绑扎，绑扎顺序如图 4-16 所示。

② 双绑法：用于导线截面 10 mm² 以上导线的绑扎，绑扎顺序如图 4-17 所示。

（2）终端导线与导线线径的绑扎

导线的终端可用回头线绑扎，绑扎线宜用绝缘线，如图 4-18 所示。

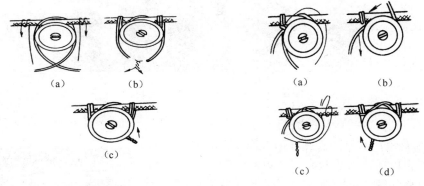

图 4-16　直线段导线的单绑法　　　图 4-17　直线段导线的双绑法

图 4-18　终端导线与瓷瓶的绑扎

终端回头绑扎的公共圈和单圈的绑扎圈数见表 4-4。

表 4-4　终端回头绑扎的公共圈和单圈的绑扎圈数

导线截面（mm²）	绑线直径（mm）			绑扎圈数	
	纱包铁芯线	铜芯线	铝芯线	公圈数	单圈数
1.5～10	0.8	1.0	2.0	10	5
10～35	0.89	1.4	2.0	12	5
50～70	1.2	2.0	2.6	16	5
95～120	1.24	2.6	3.0	20	5

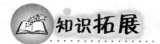 知识拓展

1. 线头绝缘层的恢复

为了安全，导线连接前所破坏的绝缘层，在线头连接完工后，必须恢复其绝缘强度。

常用材料：黄蜡带、涤纶薄膜带、黑胶带，如图 4-19 所示。

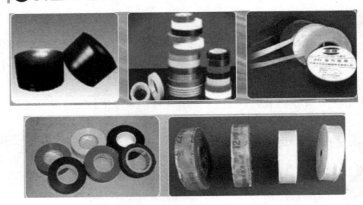

图 4-19　线头绝缘层恢复常用材料

　　包缠时，先将黄蜡带从线头的一边在绝缘层离切口 40mm 开始包缠，使黄蜡带与导线保持 55° 倾斜角，后一圈叠压在前一圈 1/2 的宽度上。黄蜡带包缠完以后，将黑胶布接在黄蜡带的尾端，朝相反的方向斜叠包缠，仍倾斜 55°，后一圈叠压在前一圈 1/2 的宽度上。恢复后的绝缘层见图 4-20。

图 4-20　恢复后的绝缘层

2. 热缩管

　　为使线头具有更高的绝缘特性，可使用喷灯加热热收缩套管。

　　首先截取一段热收缩套管（图 4-21），其长度应长于胶带在接头导线上缠绕的长度。将截取的热缩管事先套在其中的一根导线上，使用黄蜡带将导线接头处包缠，然后使热缩管将接头处整个套住。点燃喷灯，调整好火焰，手持喷灯火从热缩管中间向两侧反复喷烤，使热缩管受热紧贴在导线上。热缩管紧固的导线还具有防水的特性。

图 4-21　热收缩套管

学习任务五

电度表安装

 学习任务描述

1. 提出任务

配电盘又名配电柜，是集中、切换、分配电能的设备。配电盘一般由柜体、开关（断路器）、保护装置、监视装置、电能计量表，以及其他二次元器件组成。低压配电盘是指提供低压系列照明、动力开关的箱柜设备，用以降低输电电压，直接用于低压设备电器等。

2. 引导任务

上节课我们学习了照明电路的安装，这节课我们来学习单相电度表、三相电度表的安装接线。

任务实施

1. 实施步骤

（1）教学组织

教学组织流程如图 5-1 所示。

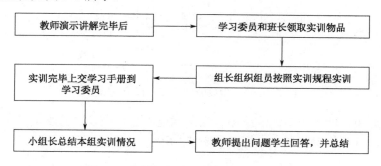

图 5-1　教学组织流程图（学习任务五）

教师讲解完毕，让小组组长分列站好，听到老师指令后按照老师演示的动作规范操作。
分组实训：每2人一组，每组小组长一名。

① 教师示范讲解。

a. 示范电工安全用具的正确使用方法。

b. 示范要求：

● 教师操作要规范，速度要慢；

● 边操作、边讲解介绍，观察学生反应；

● 必要的话要多次示范，让学生参与。

② 学生操作。学生两人一组完成课题任务。

③ 巡回指导。

a. 单独指导。对个别学生在实习中存在的问题，给予单独指导。

b. 集中指导。对学生在实习中普遍存在的问题，采取集中指导，解决问题。

c. 巡回指导的注意事项：

● 实习操作规范、熟练程度等；

● 答疑和指导操作。

④ 实训完毕上交学习手册到学习委员

⑤ 小组长总结，教师提问并总结

（2）必要器材/必要工具

① 低压配电盘实验板一块。

② 电工工具一套。

③ 导线若干。

（3）任务要求。

① 通过单相电度表的安装，掌握低压配电盘安装的技能；

② 了解住宅供电电路的工作原理及附件（如空气开关、漏电保护器等）的作用；

③ 了解通用电工工具的用途、规格，掌握好合理使用方法；

④ 整个操作过程规范正确，安全文明；

2. 实习内容

（1）单相电度表的接线

直接式。接线方法：1、3端接电源进线，2、4端接负载，其电路图如图5-2所示。

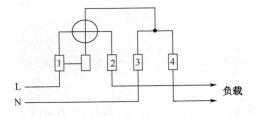

图 5-2　单相电度表的直接式接线电路图

此接线法适用于低压小电流线路中。当负载电流超过电度表的量程时，须经电流互感器将电流变小，再给仪表测量。实物图如图5-3所示。

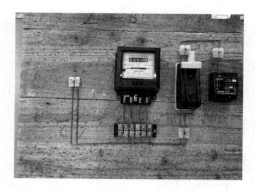

图 5-3　单相电度表的直接式接线实物图

考核时间：要求 20 分钟内完成。

名称：正确安装带有电度表、控制开关、漏电开关的单相配电板。

评分原则：接线正确，电度表能转动。

口述：漏电保护开关工作原理及主要组成部分。

扣分标准见表 5-1。

表 5-1　学习任务五（1）扣分标准

序号	扣分项目	扣分数
1	电度表接线错误	25分
2	电源先进闸刀后进电度表	25分
3	电度表接线对，闸刀开关或漏电开关接线错误	15分
4	线路没按图接线或把出线端当进线端	25分
5	黄绿双色线作为相线或零线	5分
6	口述不会或回答不完整	3~8分

（2）三相电度表的接线

① 三相四线制直接接线法。三相四线制直接接线法电路图如图 5-4 所示。

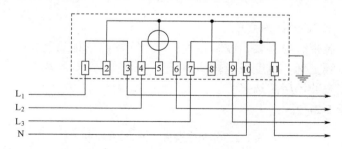

图 5-4　三相四线制直接接线法电路图

接法：　1、4、7 端分别接电源相线进线；　3、6、9 端分别接相线出线；2、5、8 端三个接线柱悬空；表的外壳应接地；　10、11 端分别接中性线的进线柱和出线柱。

② 三相四线制间接接线法。

接线方法：三个电流互感器的初级 L_1 分别接三相电源，L_2 接总开关的进线柱头；三个电流互感器的次级 K_1 分别与电度表的电流线圈 1、4、7 连接，三个 K_2 连接后接地；电度表电流线圈 3、6、9 连接后接地；电度表的外壳也要接地；电度表接线柱的 2、5、8 分别接电源 L_1、L_2、L_3。

三相四线制间接接线法电路图如图 5-5 所示。

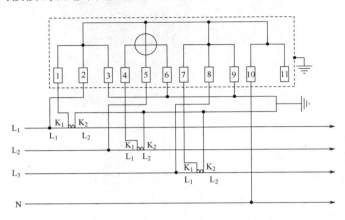

图 5-5　三相四线制间接接线法电路图

三相电度表的接线实物图如图 5-6 所示。

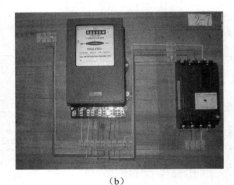

（a）　　　　　　　　　　　　　　　（b）

图 5-6　三相电度表的接线实物图

考核时间：要求 20 分钟内完成

名称：正确安装带有电度表、控制开关、漏电开关的三相配电板

评分原则：接线正确，电度表能转动。

口述：电度表安装场所的选择。

扣分标准见表 5-2。

表 5-2　学习任务五（2）扣分标准

序号	扣分项目	扣分数
1	电度表接线错误	25分
2	电度表接线对，漏电断路器接线错	15分
3	电度表金属外壳没接地	3分
4	黄绿双色线用于相线或零线	5分
5	口述不会或回答不完整	3～8分

3．写出在实训中碰到的问题和分析解决问题的方法

实训中碰到的问题：＿＿＿＿＿＿＿＿＿＿＿＿＿＿＿＿＿＿＿＿＿

＿＿＿＿＿＿＿＿＿＿＿＿＿＿＿＿＿＿＿＿＿＿＿＿＿＿＿＿＿＿＿＿

＿＿＿＿＿＿＿＿＿＿＿＿＿＿＿＿＿＿＿＿＿＿＿＿＿＿＿＿＿＿＿＿

解决的方法：＿＿＿＿＿＿＿＿＿＿＿＿＿＿＿＿＿＿＿＿＿＿＿＿＿＿

＿＿＿＿＿＿＿＿＿＿＿＿＿＿＿＿＿＿＿＿＿＿＿＿＿＿＿＿＿＿＿＿

＿＿＿＿＿＿＿＿＿＿＿＿＿＿＿＿＿＿＿＿＿＿＿＿＿＿＿＿＿＿＿＿

＿＿＿＿＿＿＿＿＿＿＿＿＿＿＿＿＿＿＿＿＿＿＿＿＿＿＿＿＿＿＿＿

4．口述题

口述：漏电保护开关工作原理及主要组成部分。

原理：当发生人身触电和设备接地等故障时，漏电电流直接流入大地，不返回零线，使零序电流互感器的铁芯磁通不平衡，存在漏电电流的磁通。线圈有感应电压输出，经放大后，使漏电脱扣器动作，开关装置跳闸，切断电源。

主要组成部分：（1）开关装置；（2）漏电脱扣器；（3）零序电流互感器。

口述：电度表安装场所的选择。

安装场所的选择：应选择在较干燥和清洁、不易损坏及无振动、无腐蚀性气体、不受强磁影响、较明亮及便于装拆表和抄表的地方，三相供电的表位应装在屋内，市镇低压单相供电的表位应装在屋外。屋内低压表位，宜装在进门后三米范围内，亦可装在有门或不设门的公共楼梯间或走廊间。

表箱底部对地面的垂直距离一般为 1.7～1.9 米，若上下两列布置，上列表箱对地面高度不应超过 2.1 米。

5．注意事项

（1）电流互感器的 L_1、L_2、K_1、K_2 不能接反；

（2）电度表的相序接线时应正确（三相电度表）；

（3）三相电度表和单相电度表的零线应分别引出后接到总零线上；

（4）电度表的外壳应接地。

知识要点

一、填空题

1．配电盘又名配电柜，是＿＿＿＿＿、＿＿＿＿＿＿、＿＿＿＿＿＿电能的设备。

2．电度表按供电方式分，可分为＿＿＿＿＿＿＿＿＿和＿＿＿＿＿＿＿＿。

3．电度表按原理划分，可分为＿＿＿＿＿＿和＿＿＿＿＿ 两大类。

4．电度表型号是用＿＿＿＿＿＿＿＿和＿＿＿＿＿＿＿的排列来表示的。

5．单相有功电度表由＿＿＿＿＿＿、＿＿＿＿＿＿、＿＿＿＿＿＿、＿＿＿＿＿＿、＿＿＿＿＿构成。

6．转动元件由＿＿＿＿＿＿和固定铝盘的＿＿＿＿＿＿＿组成。

7. 在用电器的额定电压下，一个 1000 瓦的用电器在使用上_____就消耗 1 度电。

8. 单相电度表共有_____个接线端子，其中有两个端子在表的内部用连接片短接。

9. 在用单相电度表测量大电流的用电量时，应使用 _____进行电流变换。

10. 一般来说，电流互感器的二次侧电流都是_____。

二、问答题

1. 如何正确安装带有电度表、控制开关、漏电开关的单相配电板？

_____

_____

_____

2. 如何正确安装带有电度表、控制开关、漏电开关的三相配电板？

_____

_____

_____

综合评定

1. 自我评价

（1）本节课我学会和理解了：

_____

_____

_____

（2）我最大的收获是：

_____

_____

_____

_____

（3）我的课堂体会是：快乐（　）、沉闷（　）

（4）学习工作页是否填写完毕？是（　）、否（　）

（5）工作过程中能否与他人互帮互助？能（　）、否（　）

2. 小组评价

（1）学习页是否填写完毕？

评价情况：是（　）、否（　）

（2）学习页是否填写正确？

错误个数：1（　）2（　）3（　）4（　）5（　）6（　）7（　）8（　）

（3）工作过程当中有无危险动作和行为？

评价情况：有（ ）、无（ ）

（4）能否主动与同组内其他成员积极沟通，并协助其他成员共同完成学习任务？

评价情况：能（ ）、不能（ ）

（5）能否主动执行作业现场 6S 要求？

评价情况：能（ ）、不能（ ）

3. 教师评价

综合考核评比表如表 5-3 所示。

表 5-3　学习任务五综合考核评比表

序号	考核内容	评分标准	配分	自我评价 0.1	小组评价 0.3	教师评价 0.6	得分
1	任务完成情况	单相电度表的工作原理	10分				
		单相电度表的接线	20分				
		三相电度表的工作原理	10分				
		三相电度表的接线	20分				
2	责任心与主动性	若丢失或故意损坏实训物品，全组得0分，不得参加下一次实训学习	10分				
		主动完成课堂作业，完成作业的质量高，主动回答问题	10分				
3	团队合作与沟通	团队沟通，团队协作，团队完成作业质量	10分				
4	课堂表现	上课表现（上课睡觉，玩手机，或其他违纪行为等）一次全组扣5分	10分				
5	职业素养（6S标准执行情况）	无安全事故和危险操作，工作台面整洁，仪器设备的使用规范合理	10分				
6	总分						

获得等级：90分以上（ ）☆☆☆☆☆　　　积5分

　　　　　75～90分（ ）☆☆☆☆　　　积4分

　　　　　60～75分（ ）☆☆☆　　　积3分

　　　　　60分以下（ ）　　　积0分

　　　　　50分以下（ ）　　　积-1分

注：学生每完成一个任务可获得相应的积分，获得90分以上的学生可评为项目之星。

教师签名：＿＿＿＿＿＿＿

日期　　　年　　月　　日

5.2 学习页

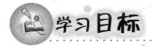
学习目标

1. 配电盘的组成
2. 电度表的分类与结构
3. 电度表的工作原理
4. 电度表的接线
5. 低压配电盘的接线
6. 电度表的计算方法

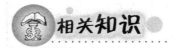
相关知识

配电盘又名配电柜，是集中、切换、分配电能的设备。配电盘一般由柜体、开关（断路器）、保护装置、监视装置、电能计量表，以及其他二次元器件组成。安装在发电站、变电站以及用电量较大的电力客户处。按照电流可以分为交、直流配电盘；按照电压可分为照明配电盘和动力配电盘，或者高压配电盘和低压配电盘。

低压配电盘是指提供低压系列照明、动力开关的箱柜设备，用以降低输电电压，直接用于低压设备电器等。我国输电线路电压一般是根据输送电能距离的远近，采用不同的输电电压。从我国现在的电力情况来看，送电距离在 200～300 公里时采用 220kV 的电压输电；在 100 公里左右时采用 110kV；50 公里左右采用 35kV；在 15～20 公里时采用 10kV，有的则用 6600V。输电电压在 110kV 以上的线路，称为超高压输电线路。在远距离送电时，我国还有 500kV 的超高压输电线路。我国一般低压用电在 220V、380V 两个档次，低压配电盘安装三相电度表及 1 个电压表（带换挡电压开关）是必须的，三相总开关最好选用失相自动断路器（DW10 型）；各相装置低压避雷器（配电盘中）以防线路被雷击；设置一个电容器自动补偿盘以提高功率因数。低压配电室的耐火等级不应低于三级。配电室的窗应有防雨雪、防水、防小动物进入的措施。高、低压配电装置同在一室时，它们之间的距离应不小于 1 米。

1. 配电盘的组成

由开关设备、测量仪表（如电度表、电压表、电流表等）连接导线、连接母线和辅助设备组成。

2．电度表的分类与结构

（1）分类

① 按供电方式分类可分为单相电度表和三相电度表。其中三相电度表又分为三相三线制和三相四线制。

② 按接线方式分类，可分为直接式与间接式。

a. 直接式——用于较小电流电路上，规格有 10A、20A、30A、50A、75A 和 100A 等多种。

b. 间接式——规格是 5A，与电流互感器连接后，用于电流较大的电路上。

③ 按原理划分，电能表分为感应式和电子式两大类，如图 5-7 所示。

（a）感应式　　　　　　　　（b）电子式

图 5-7　电能表的分类

a. 感应式电能表采用电磁感应的原理把电压、电流、相位转变为磁力矩，推动铝制圆盘转动，圆盘的轴（蜗杆）带动齿轮驱动计度器的鼓轮转动，转动的过程即是时间量累积的过程。因此感应式电能表的好处就是直观、动态连续、停电不丢数据。

b. 电子式电能表运用模拟或数字电路得到电压和电流向量的乘积，然后通过模拟或数字电路实现电能计量功能。由于应用了数字技术，分时计费电能表、预付费电能表、多用户电能表、多功能电能表纷纷登场，进一步满足了科学用电、合理用电的需求。

（2）单相交流电度表的结构

① 驱动元件。

电流元件：由导线截面较粗、匝数少和负载串联的电流线圈及铁芯组成；

电压元件：由导线截面较细、匝数多和负载并联的电压线圈及铁芯组成；

作用：产生驱使铝盘转动的转矩。

② 转动元件。由铝盘和固定铝盘的转轴组成。

作用：产生电磁力，驱使铝盘转动。

③ 制动力矩。由制动永久磁铁组成。

作用：在铝盘转动时产生制动力矩，使铝盘转速与负载功率成正比，从而使其能反映负载所消耗的电能。

④ 计度器。由蜗杆、蜗轮和字轮等组成。

作用：用来计算电度表铝盘的转数，实现电能的测量和计算。

3. 电度表的工作原理

电度表的铁芯结构示意图与其电路和磁路图如图5-8所示。当交流电流通过感应电度表的电流线圈和电压线圈时，在铝盘上会感应产生涡流，这些涡流与交变磁通相互作用产生电磁力，使铝盘转动。同时，制动磁铁与转动的铝盘也相互作用产生制动力矩。当转动力矩与制动力矩平衡时，铝盘以稳定的速度转动。铝盘的转数与被测电能的大小成比例，从而测出所消耗电能。感应式电能表的结构示意图如图5-9所示。计度器结构示意图如图5-10所示。

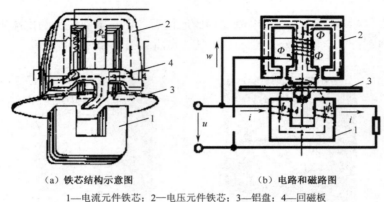

（a）铁芯结构示意图　　　　　　　（b）电路和磁路图

1—电流元件铁芯；2—电压元件铁芯；3—铝盘；4—回磁板

图5-8　电度表的铁芯结构示意图与其电路和磁路图

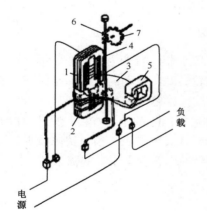

1—电压元件；2—电流元件；3—铝盘；4—转轴；
5—永久磁铁；6—蜗杆；7—蜗轮

图5-9　感应式电能表的结构示意图

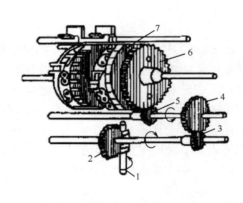

1—蜗杆；2—蜗轮；3、4、5、6—齿轮；7—滚轮

图5-10　计度器结构示意图

4. 机械式电度表的型号及其含义

电度表型号是用字母和数字的排列来表示的，内容如下：类别代号+组别代号+设计序号+派生号。如我们常用家用单相电度表：DD862-4型、DDS971型、DDSY971型等。

（1）类别代号：D—电度表。

（2）组别代号

表示相线：D—单相；S—三相三线；T—三相四线。

表示用途的分类：D—多功能；S—电子式；X—无功；Y—预付费；F—复费率。

（3）设计序号用阿拉伯数字表示

每个制造厂的设计序号不同，如长沙希麦特电子科技发展有限公司设计生产的电度表产品备案的序列号为971，正泰公司的为666等。

综合上面几点：

DD—表示单相电度表，如DD971，DD862型；

DS—表示三相三线有功电度表，如DS862，DS971型；

DT—表示三相四线有功电度表，如DT862，DT971型；

DX—表示无功电度表，如DX971，DX864型；

DDS—表示单相电子式电度表，如DDS971型；

DTS—表示三相四线电子式有功电度表，如DTS971型；

DDSY—表示单相电子式预付费电度表，如DDSY971型；

DTSF—表示三相四线电子式复费率有功电度表，如DTSF971型；

DSSD—表示三相三线多功能电度表，如DSSD971型；

常用电度表外形如图5-11所示。

图5-11　常用电度表外形图

（4）基本电流和额定最大电流

基本电流是确定电度表有关特性的电流值，额定最大电流是仪表能满足其制造标准规定的准确度的最大电流值。

如5（20）A即表示电度表基本电流为5A，额定最大电流为20A，对于三相电度表还应在前面乘于相数，如3×5（20）A。

（5）参比电压

参比电压是指确定电度表有关特性的电压值。

对于三相三线电度表以相数乘以线电压表示，如3×380V；

对于三相四线电度表以相数乘以相电压或线电压表示，如3×220V/380V；

对于单相电度表则以电压线路接线端上的电压表示，如220V。

5．机械式三相四线电度表的读法

（1）如果您的三相四线电度表是最右边没有红色读数框的，那黑色读数框的都是整数，只是在最右边（即个位数）的"计数轮"的右边带有刻度，而这个刻度就是小数点后的读数；如果是带有红色读数框的，那红色读数框所显示的就是小数，如图 5-12 所示。

（2）如果您的表输出是不带电流互感器的，那表上显示的读数就是您实际用电的计量读数。如果是计量带有互感器的，那要看互感器的规格了，比如用的是 100/5 的互感器，那它的倍率为 20（即 100 除以 5）；如果是 200/5 的，那倍率为 40；如果是 500/5 的，那倍率就是 100。以此类推，把表上显示的读数，再乘以这个倍率，就是您实际使用的用电量，单位为 kW·h（千瓦时或度），即：实际用电量=实际读数×倍率。

（3）互感器如果不只绕一匝，那么，实际用电量=互感器倍率/互感器匝数×实际读数。匝数，指互感器内圈导线条数，不指外圈，如图 5-13 所示。

图 5-12　机械式三相四线电度表读法（不带电流互感器）

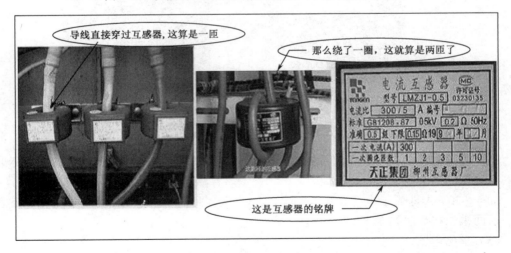

图 5-13　互感器匝数和铭牌

6．一度电是多少

关于一度电是多少的问题，举例说明，在用电器的额定电压下，一个 1000W 的用电器在使用一个小时就消耗 1 度电。假如 1 度电是 1 元钱，那么，一个 1000W 的用电器使用上一个小时就花掉 1 元钱。例如一只电饭煲，它的铭牌上标 1000W/220V，那么这只电饭煲在家里用上一个小时就花掉 1 元钱。

7. 机械式单相电度表的接法

单相电度表的构成及电路原理图

单相有功电度表（简称单相电度表）由接线端子、电流线圈、电压线圈、计量转盘、计数器构成，只要电流线圈通过电流，同时电压线圈加有电压，转盘就受到电磁力而转动。单相电度表共有 5 个接线端子，其中有两个端子在表的内部用连接片短接，所以，单相电度表外接端子只有 4 个，即 1、2、3、4 号端子。由于电度表的型号不同，各类型的表在铅封盖内都有 4 个端子的接线图。原理图如图 5-14 所示。

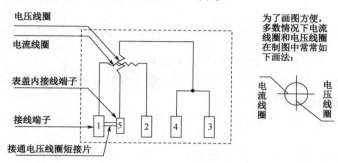

图 5-14　机械式单相电度表电气原理图

（1）直接接入法

如果负载的功率在电度表允许的范围内，即流过电度表电流线圈的电流不至于导致线圈烧毁，那么就可以采用直接接入法。

直接接入法：单相电度表共有四个接线端子，从左至右按 1、2、3、4 编号，如图 5-15 所示。

接线一般有两种，一种是 1、3 端接进线，2、4 端接出线；另一种是 1、2 端接进线，3、4 端接出线。无论何种接法相线（火线）必须接入电表的电流线圈的端子。由于有些电表的接线特殊，具体的接线方法需要参照接线端子盖板上接线图去接。

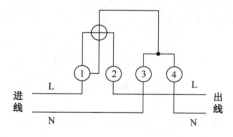

图 5-15　单相电度表的接法

（2）经互感器接入法

在用单相电度表测量大电流的用电量时，应使用电流互感器进行电流变换，电流互感器接电度表的电流线圈，接法有如下两种。

① 单相电度表内 5 和 1 端未断开时的接法

由于表内短接片没有断开，所以互感器的 K_2 端子禁止接地，如图 5-16 所示。

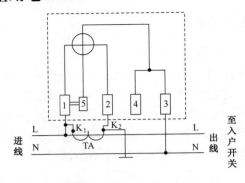

图 5-16 单相电度表经电流互感器接线电气原理图（5 和 1 连接）

② 单相电度表内 5 和 1 端短接片已断开时的接法

由于表内短接片已断开，所以互感器的 K_2 端子应该接地，同时电压线圈应该接入电源两端。电气原理图如图 5-17 所示。

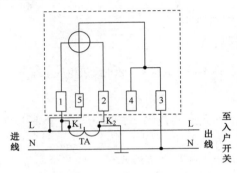

图 5-17 单相电度表经电流互感器接线电气原理图（5 和 1 未连接）

8. 机械式三相四线制有功电度表的常用接法

（1）直接接入法

如果负载的功率在电度表允许的范围内，那么就可以采用直接接入法。电气原理图如图 5-18 所示。

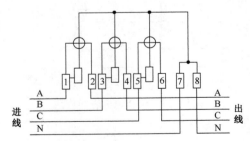

图 5-18 三相四线制有功电度表直接接法电气原理图

（2）经电流互感器接入法

电度表测量大电流的三相电路的用电量时，因为线路流过的电流很大，如 300～500A，不可能采用直接接入法，应使用电流互感器进行电流变换，将大的电流变换成小的电流，即电度表能承受的电流，然后再进行计量，一般来说，电流互感器的二次侧电流都是 5A，如 300/5，200/5 等。电气原理图如图 5-19 所示。

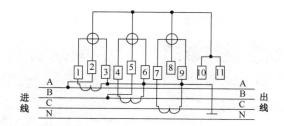

图 5-19　三相四线制有功电度表经互感器连接接法电气原理图

9．电子式电能表实物图简介

随着数字电子技术的进步，近几年来，老式机械电度表正逐步退出历史舞台，取代它是计量更准、更便于管理的电子式电能（度）表。

（1）电子式电能表电气原理图如图 5-20 所示。

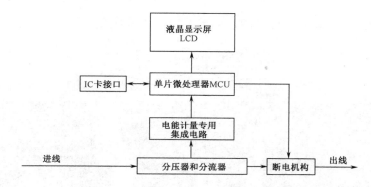

图 5-20　电子式电能表的电气原理图

（2）单相电子式电能表实物图如图 5-21 所示。

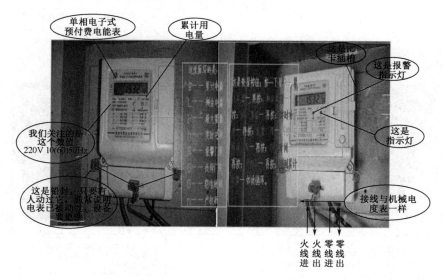

图 5-21　单相电子预付费电能表实物图

10. 机械式电度表实物图简介

机械式电度表实物图如图 5-22 所示。

图 5-22　机械式电度表外形图

其他接线端子图解与实物图说明，如图 5-23～图 5-26 所示。

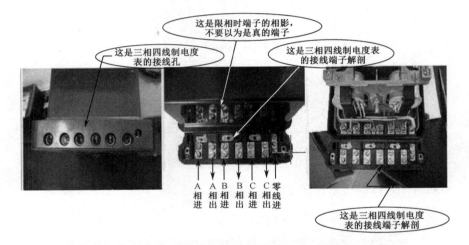

这是限相时端子的相影，不要以为是真的端子

这是三相四线制电度表的接线孔

这是三相四线制电度表的接线端子解剖

A相进　A相出　B相进　B相出　C相进　C相出　零线进

这是三相四线制电度表的接线端子解剖

图 5-23　三相四线制电度表接线端子

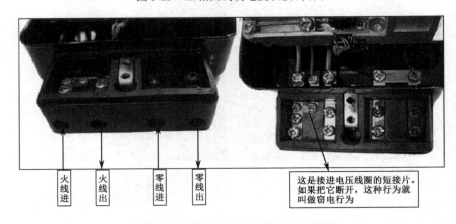

火线进　火线出　零线进　零线出

这是接进电压线圈的短接片。如果把它断开，这种行为就叫做窃电行为

图 5-24　机械式单相电度表接线端子解剖

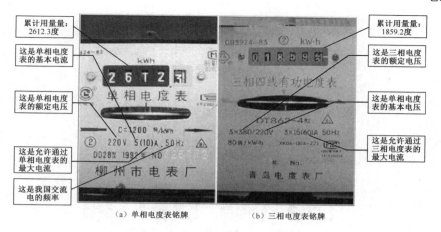

（a）单相电度表铭牌　　　　　　（b）三相电度表铭牌

图 5-25　机械式电度表铭牌

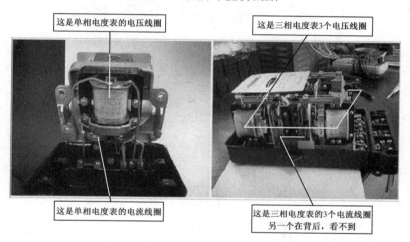

图 5-26　机械式电度表的内部结构图

单相电能表的实物接线图如图 5-27 所示：

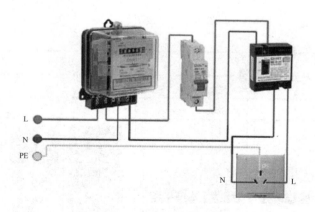

图 5-27　单相电度表实物接线图

本实训接线图如图 5-28～图 5-31 所示。

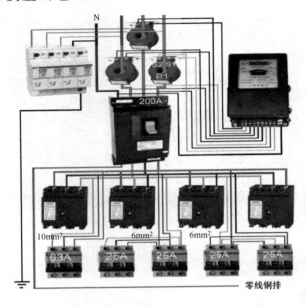

图 5-28　接线图示例 1

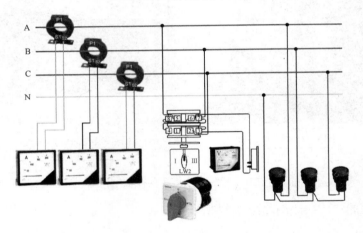

图 5-29　接线图示例 2

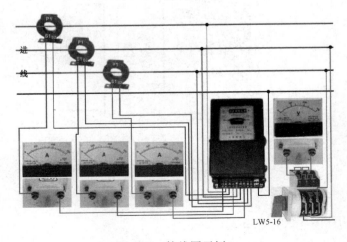

图 5-30　接线图示例 3

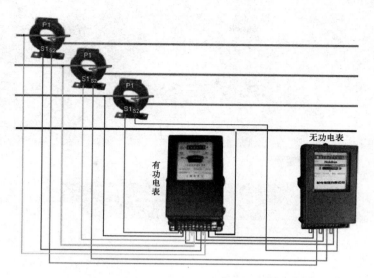

图 5-31　有功电表、无功电表接线图

电子式电度表的接法？

6.1 任务页

 学习任务描述

1. 提出任务

无论是工业负荷还是民用负荷，大多数均为感性。所有电感负载均需要补偿大量的无功功率，提供这些无功功率有两条途径：一是输电系统提供；二是补偿电容器提供。

2. 引导任务

如果由输电系统提供，则设计输电系统时，既要考虑有功功率，也要考虑无功功率。由输电系统传输无功功率，将造成输电线路及变压器损耗的增加，降低系统的经济效益。而由补偿电容器就地提供无功功率，就可以避免由输电系统传输无功功率，从而降低无功损耗，提高系统的传输功率。这也是当今电气自动化技术及电力系统研究领域发展所面临的一个重大课题，并且正在受到越来越多的关注。图 6-1 为电力电容器实物图。

图 6-1　电力电容器实物图

1. 实施步骤

（1）教学组织

教学组织流程如图6-2所示。

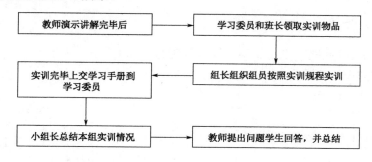

图6-2　教学组织流程图（学习任务六）

教师讲解完毕，让小组组长分列站好，听到老师指令后按照老师演示的动作规范操作。分组实训：每2人一组，每组小组长一名。

① 教师示范讲解。

a. 示范电工安全用具的正确使用方法。

b. 示范要求：

● 教师操作要规范，速度要慢；

● 边操作、边讲解介绍，观察学生反应；

● 必要的话要多次示范，让学生参与。

② 学生操作。

学生两人一组完成课题任务。

③ 巡回指导。

a. 单独指导。对个别学生在实习中存在的问题，给予单独指导。

b. 集中指导。对学生在实习中普遍存在的问题，采取集中指导，解决问题。

c. 巡回指导的注意事项：

● 实习操作规范、熟练程度等；

● 答疑和指导操作。

④ 实训完毕上交学习手册到学习委员。

⑤ 小组长总结，教师提问并总结。

（2）必要器材/必要工具

多媒体课室1间。

三相电力电容3组。

串联放电灯泡3组。

常用电工工具1套。

导线若干。

（3）任务要求

① 查阅相关资料与学习页；

② 了解三相电力电容器的工作原理及结构；

③ 掌握三相电力电容器的选择与使用方法；

④ 了解三相电力电容器的放电原理；

⑤ 掌握串联放电灯泡使用要求和接线方法；

⑥ 整个操作过程规范正确，安全文明。

2. 实训训练步骤

（1）三相三线制线路上电压补偿电容器放电负荷（6个灯泡）的安装

① 原理图如图6-3所示。

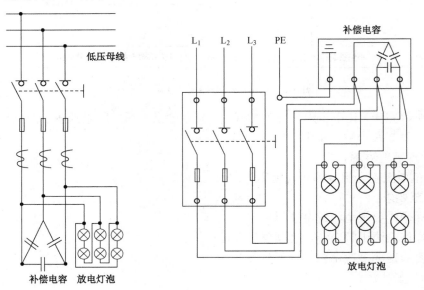

图6-3 电压补偿电容器放电负荷原理图

② 元件布局如图6-4所示。

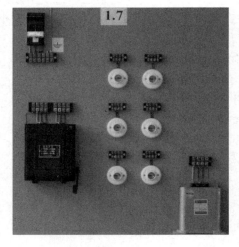

图6-4 电压补偿电容器放电负荷元件布局图

③ 电路安装如图 6-5 所示。

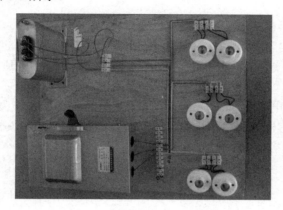

图 6-5　电压补偿电容器放电负荷电路安装图

（2）扣分标准见表 6-1。

表 6-1　学习任务六扣分标准

序号	扣分项目	扣分数
1	主线路未经铁壳开关直接进电容器	15分
2	主电路电源先进保险丝盒后到闸刀开关	10分
3	放电负载接线错	10分
4	设备外壳没有接地	5分
5	黄绿双色线用于主回路或控制回路	5分

3．写出实习中碰到的问题和分析解决问题的方法

实习中碰到的问题：＿＿＿＿＿＿＿＿＿＿＿＿＿＿＿＿＿＿＿＿＿＿＿＿＿

＿＿＿＿＿＿＿＿＿＿＿＿＿＿＿＿＿＿＿＿＿＿＿＿＿＿＿＿＿＿＿＿＿＿＿

＿＿＿＿＿＿＿＿＿＿＿＿＿＿＿＿＿＿＿＿＿＿＿＿＿＿＿＿＿＿＿＿＿＿＿

解决的方法：＿＿＿＿＿＿＿＿＿＿＿＿＿＿＿＿＿＿＿＿＿＿＿＿＿＿＿＿＿

＿＿＿＿＿＿＿＿＿＿＿＿＿＿＿＿＿＿＿＿＿＿＿＿＿＿＿＿＿＿＿＿＿＿＿

＿＿＿＿＿＿＿＿＿＿＿＿＿＿＿＿＿＿＿＿＿＿＿＿＿＿＿＿＿＿＿＿＿＿＿

＿＿＿＿＿＿＿＿＿＿＿＿＿＿＿＿＿＿＿＿＿＿＿＿＿＿＿＿＿＿＿＿＿＿＿

4．口述题

为什么补偿电容器需要接放电负载？

当电容器脱离电源以后，其金属极板上尚残存一些电荷，两极之间有残余电压，在交流系统中，残余电压可达到电压极大值（幅值）的两倍，甚至更高一些。虽然残余电压随时间而降低，但如果没有专门的放电负荷，而仅仅靠电容器本身放电，电容器上的残余电压降到安全数值往往需要几个小时的时间。为了避免残余电压伤人，必须根据电容的大小并联适当的放电负荷，低压电容器用灯泡或电动机绕组作为放电负荷。

5．注意事项

（1）电力电容器组在接通前应用兆欧表检查放电网络；

（2）接通和断开电容器组时，必须考虑以下几点。

① 当汇流排（母线）上的电压超过 1.1 倍额定电压最大允许值时，禁止将电容器组接入电网。

② 在电容器组自电网断开后 1min 内不得重新接入，但自动重复接入情况除外。

在接通和断开电容器组时，要选用不能产生危险过电压的断路器，并且断路器的额定电流不应低于 1.3 倍电容器组的额定电流。

一、填空题

1．高压电容器室内，上下层之间的净距不应小于_____m；下层电容器底部与地面的距离应不小于_____m。

2．电力电容器组在接通前应用_____检查放电网络。

3．额定电压在_____以下的称为低压电容器，_____以上的称为高压电容器。

4．电容器室的环境温度应满足制造厂家规定的要求，一般规定为_____℃。

5．安装高压电容器的铁架成一排或两排布置，排与排之间应留有巡视检查的走道，走道宽应不小于_____m。

6．芯子由电容元件_____组成，电容元件用铝箔作电极，用复合绝缘薄膜绝缘。

7．高压电容器组的铁架必须设置铁丝网遮栏，遮栏的网孔以_____为宜。

8．高压电容器外壳之间的距离，一般应不小于_____；低压电容器外壳之间的距离应不小于_____mm。

二、问答题

1．电力电容器的结构和工作原理有哪些？

_____

_____

_____

2．使用电力电容器要注意哪些安全事项？

_____

_____

_____

3．电力电容器放电要注意哪些安全事项？

_____

_____

_____

4. 电力电容器放电有哪些方法?

_____

_____

_____

综合评定

1. 自我评价

(1) 本节课我学会和理解了:

_____

_____

_____

_____

(2) 我最大的收获是:

_____

_____

_____

_____

_____

(3) 我的课堂体会是:快乐( )、沉闷( )

(4) 学习工作页是否填写完毕?是( )、否( )

(5) 工作过程中能否与他人互帮互助?能( )、否( )

2. 小组评价

(1) 学习页是否填写完毕?

评价情况:是( )、否( )

(2) 学习页是否填写正确?

错误个数:1( )2( )3( )4( )5( )6( )7( )8( )

(3) 工作过程当中有无危险动作和行为?( )

评价情况:有( )、无( )

(4) 能否主动与同组内其他成员积极沟通并协助其他成员共同完成学习任务?

评价情况:能( )、不能( )

(5) 能否主动执行作业现场 6S 要求?

评价情况:能( )、不能( )

3. 教师评价

综合考核评比表如表 6-2 所示。

表 6-2　学习任务六综合考核评比表

序号	考核内容	评分标准	配分	自我评价 0.1	小组评价 0.3	教师评价 0.6	得分
1	任务完成情况	按照填空答案质量评分	10分				
		主线路未经铁壳开关直接进电容器,主电路电源先进保险丝盒后到闸刀	15分				
		放电负载接线错,设备外壳没有接地,黄绿双色线用于主回路或控制回路	15分				
2	责任心与主动性	若丢失或故意损坏实训物品,全组得0分,不得参加下一次实训学习	15分				
		主动完成课堂作业,完成作业的质量高,主动回答问题	10分				
3	团队合作与沟通	团队沟通,团队协作,团队完成作业质量	10分				
4	课堂表现	上课表现(上课睡觉,玩手机,或其他违纪行为等)一次全组扣5分	15分				
5	职业素养(6S标准执行情况)	无安全事故和危险操作、工作台面整洁、仪器设备的使用规范合理	10分				
6	总分						

获得等级:90分以上(　) ☆☆☆☆☆　积5分

　　　　　75～90分(　) ☆☆☆☆　积4分

　　　　　60～75分(　) ☆☆☆　积3分

　　　　　60分以下(　)　　积0分

　　　　　50分以下(　)　　积-1分

注:学生每完成一个任务可获得相应的积分,获得90分以上的学生可评为项目之星。

教师签名:＿＿＿＿＿

日期　　年　月　日

6.2 学习页

学习目标

1. 掌了解三相电力电容器的工作原理及结构
2. 掌握三相电力电容器的选择与使用方法
3. 了解三相电力电容器的的放电原理
4. 掌握串联放电灯泡使用要求和接线方法

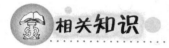相关知识

1. 结构和型号

额定电压在 1kV 以下的称为低压电容器，1kV 以上的称为高压电容器。1kV 以下的电容器都做成三相、三角形连接线，内部元件并联，每个并联元件都有单独的熔丝；高压电容器一般都做成单相，内部元件并联。外壳用密封钢板焊接而成；芯子由电容元件串并联组成，电容元件用铝箔作电极，用复合绝缘薄膜绝缘。电容器内以绝缘油（矿物油或十二烷基苯等）作浸渍介质。电力电容器的外形如图 6-6 所示，结构如图 6-7 所示。

图 6-6　电力电容器的外形

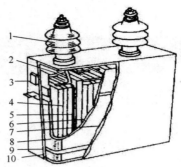

1—出线套管；2—出线连接片；3—连接片；4—扁形元件；5—固定板；6—绝缘件；7—包封件；8—连接夹板；9—紧箍；10—外壳

图 6-7　补偿电容器的结构图

电力电容器的型号如图 6-8 所示。

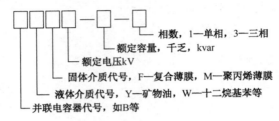

图 6-8　电容器型号

额定电压多为 10.5kV、6.3kV、35kV 等；低压的多为 0.23kV、0.4kV、0.525kV 等。

2．无功补偿的基本原理及电容器安装容量的确定方法

无论是工业负荷还是民用负荷，大多数均为感性。所有电感负载均需要补偿大量的无功功率，提供这些无功功率有两条途径：一是输电系统提供；二是补偿电容器提供。如果由输电系统提供，则设计输电系统时，既要考虑有功功率，也要考虑无功功率。由输电系统传输无功功率，将造成输电线路及变压器损耗的增加，降低系统的经济效益。而由补偿电容器就地提供无功功率，就可以避免由输电系统传输无功功率，从而降低无功损耗，提高系统的传输功率。这也是当今电气自动化技术及电力系统研究领域所面临发展的一个重大课题，且正在受到越来越多的关注。

（1）无功补偿原理

无功功率是一种既不能作有用功，却会在电网中引起损耗，而且又是不能缺少的一种功率。在实际电力系统中，异步电动机作为传统的主要负荷使电网产生感性无功电流，而电力电子装置大多数功率因数都很低，故导致电网中出现大量的无功电流。无功电流产生无功功率，给电网带来额外负担且影响供电质量。因此，无功功率补偿（以下简称无功补偿）就成为保持电网高质量运行的一种主要手段之一。无功补偿相量图如图 6-9 所示。

实际做功的有功电流为：I_R；

补偿前感性电流为：I_{L0}；

线路总电流为：I_0；

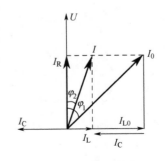

图 6-9　无功补偿相量图

并联电容器后，容性电流为：I_c；

补偿后线路感性电流减为：I_L；

补偿后线路总电流为：I；

如要将功率因数从 $\cos\varphi_1$ 提高到 $\cos\varphi_2$，

需要的电容电流为：$I_c = I_{L0} - I_L = I_R (\tan\varphi_1 - \tan\varphi_2)$，即：$Q = P (\tan\varphi_1 - \tan\varphi_2)$

（2）电容器安装容量确定

已知负荷功率为 P，补偿前的功率因素为 $\cos\varphi_1$，需提高功率因素到 $\cos\varphi_2$，所需电容器的容量 Q 可按下式计算

$$Q = P\left(\sqrt{1/\cos 2\varphi_1 - 1} - \sqrt{1/\cos 2\varphi_2 - 1}\right) \text{（kvar）}$$

也可以按照 $\cos\varphi_1$，及 $\cos\varphi_2$ 之值由表直接查出每千瓦负荷所需补偿用电容器的千乏数，再以此值乘负荷功率 P 即得。例如：$\cos\varphi_1 = 0.6$，$\cos\varphi_2 = 0.9$，按表查得千乏负荷所需补偿用电容器容量为 0.85kvar，如负荷功率 $P = 100$kvar，则所需补偿用电容器的总容量为 $100 \times 0.85 = 85$kvar。

3．电容器的安装方法

（1）补偿电容器的搬运方法

① 若将电容器搬运到较远的地方，应装箱后再运。装箱时电容器的套管应向上直立放置。电容器之间及电容器与木箱之间应垫松软物。

② 搬运电容器时，必须抓外壳两侧壁上所焊的吊环，严禁用双手抓电容器的套管搬运。

③ 在仓库及安装现场，不允许将一台电容器置于另一台电容器的外壳上。

（2）安装补偿电容器的环境要求

① 电容器应安装在无腐蚀性气体和蒸汽，没有剧烈震动、冲击，无易爆炸、易燃等危险物场所。电容器室的防火等级不应低于二级。

② 装于户外的电容器应防止日光直接照射。

③ 电容器室的环境温度应满足制造厂家规定的要求，一般规定为 40℃。

④ 电容器室安装通风机时，进风口要开向本地区夏季的主要风向，出风口应安装在电容器组的上端。进、排风机宜在对角线上位置安装。

⑤ 电容器室可采用天然采光，也可用人工照明，不需要装设采暖装置。

⑥ 高压电容器室的门应向外开。

（3）安装补偿电容器的技术要求

① 为了节省安装面积，高压电容器可以分层安装于铁架上，但垂直放置层数应不多于三层，层与层之间不得装设水平层间隔板，以保证散热良好。上、中、下三层电容器的安装位置要一致，铭牌向外。

② 安装高压电容器的铁架成一排或两排布置，排与排之间应留有巡视检查的走道，走道宽应不小于 1.5m。

③ 高压电容器组的铁架必须设置铁丝网遮栏，遮栏的网孔以 3～4cm² 为宜。

④ 高压电容器外壳之间的距离，一般应不小于 10cm；低压电容器外壳之间的距离应不小于 50cm。

⑤ 高压电容器室内，上下层之间的净距不应小于 0.2m；下层电容器底部与地面的距离应不小于 0.3m。

⑥ 每台电容器与母线相连的接线应采用单独的软线，不要采用硬母线连接的方式，以

免安装或运行过程中对瓷套管产生应力造成漏油或损坏。

⑦ 安装时，电气回路和接地部分的接触面要良好。因为电容器回路中的任何不良接触，均可能产生高频振荡电弧，会造成电容器的工作电场强度增高和发热损坏。

（4）电容器的放电装置

① 电容器放电的原因。如果电容器在带电情况下再次投入运行，有可能产生很大的合闸涌流和很高的过电压，甚至会导致电容器的击穿。

更重要的是，当电容器从网络断开后，如不放电，当运行和维修人员触摸时，将会危及人的生命安全。因此，电容器组必须加装放电装置。

② 专用放电装置。电容器最好采用专用放电装置，通常对放电装置的要求如下：

在电容器切断 30s 内，其残压应下降到 65V 以下。

对频繁自动投切的电容器组，从分断至再投入使用的时间间隔内，残压应降至初始值的 10%以下。

放电线圈的容量应能满足长期运行条件的要求，但不宜过大。因容量越大，放电时间越长，损耗越大。一般规定 1 kvar 电容器，其放电线损的损耗不应超过 1W 。放电线圈的容量为几百 VA，便可满足数千 kvar 电容器组的放电要求。

③ 兼用放电线圈。采用单相三角形接线或开口三角形接线的电压互感器作为放电线圈，与电容器组直接连接，可使过压倍数减小到相压，能满足放电要求。

不可采用 JSJW 型电磁式三相五柱一次侧中性点接地的电压互感器的线圈作放电线圈。因为这种电压互感器的线圈与电容器电容以及对地电容构成了振荡回路，产生了电磁振荡，会引起很高的过电压。

（5）电阻放电装置

低压电容器组一般采用电阻放电装置，如采用白炽灯，其阻值可用公式计算，即：

$$R \leqslant 15 \times 10^6 \frac{U_X^2}{Q_C} \quad (\Omega)$$

式中 R——放电电阻（Ω）；

U_X——电网相压（kV）；

Q_C——电容器组总容量（kvar）。

例如：低压电容器组采用星形接线，装有 BW0.23-5-1 型电容器 60 台，问应选择多大的放电电阻？

解：U=0.22kV，Q_C=5×60=300（kvar），则：

$$R \leqslant 15 \times 10^6 \times \frac{0.22^2}{300} = 2419.9 \quad (\Omega)$$

选用两只 220V、60W 的白炽灯串联成一相，按星形接线，阻值为：

$$R = 2 \times \frac{220^2}{60} = 1613(\Omega) \quad < 2419.9 \quad (\Omega)$$

故满足要求。

4．电容器的接线

（1）电容器组一次接线方式

为了能适用于 6.6kV、10kV、13.2kV 三种不同的电压等级的系统，需要采用不同接线。

① 在6.6kV 系统中，电容器额定电压为6.6kV 时，采用单三角形或双三角形接线如图 6-10 和图 6-11 所示；额定电压为3.15kV 时，采用两个电容器串联后的三角形接线，如图 6-12 所示；

② 在 10kV 系统中，额定电压为 10kV 的电容器采用三角形接线，额定电压为 6.3kV 时，采用星形接线，如图 6-13 和图 6-14 所示；额定电压为3.15kV 时，采用两个串联后接成星形接线，如图 6-15 所示；

③ 在 13.2kV 系统中，电力电容器额定电压为 6.3kV 时，采用两个串联后三角形接线。

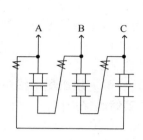

图 6-10　三角形接线

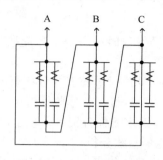

图 6-11　双三角形接线

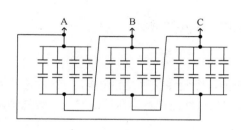

图 6-12　两个电容器串联后三角形接线

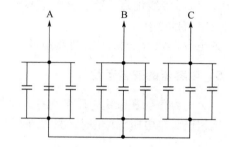

图 6-13　采用单星形接线

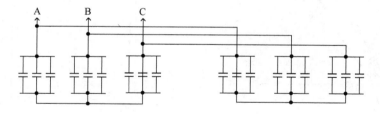

图 6-14　采用双星形接线

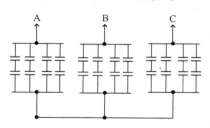

图 6-15　两个电容器串联后星形接线

（2）低压电容器组一次接线方式

采用分散补偿时，额定电压为 400V 的电容器接线有两种，如图 6-16 所示。

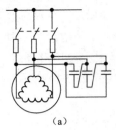
（a）

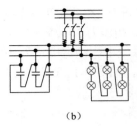
（b）

图 6-16　分散补偿接线

① 在单独补偿时电容器直接连接至用电设备，带有放电电阻经过单独闸刀开关和保险器；

② 在集中补偿时电容器单独接至母线，但应有放电电阻。

对于高压电容器，在分散补偿中一般都采用半露天装置，装在配电线路的中间离地 2.5m 以上的角铁水泥杆台架上，顶上盖有石棉瓦，用跌落熔丝保护。

（3）电容器接线分析

① 三角形接线优点：可以获得较大的补偿效果；缺点：安全性较差。

② 星形接线优点：当任一台电容器发生极板击穿短路时，短路电流都不会超过电容器组额定电流的 3 倍。

各电容器接线分析示意图及相量图，如图 6-17～图 6-20 所示。

5．电容器的安全运行

（1）电容器应在额定电压下运行。如暂时不可能，可允许在超过额定电压 5% 的范围内运行；当超过额定电压 1.1 倍时，只允许短期运行。但长时间出现过电压情况时，应设法消除。

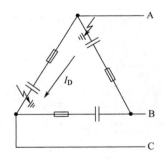

图 6-17　三角形接线短路时的情况

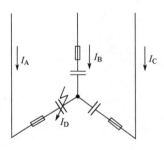

图 6-18　星形接线时一相电容器击穿短路

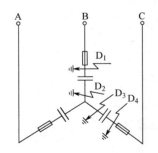

图 6-19　星形接线时两相电容器同时发生接地

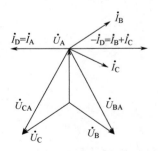

图 6-20　星形接线时一相电容器击穿时的相量图

短路点：D_2D_3、D_1D_4、D_1D_2、D_3D_4

（2）电容器应维持在三相平衡的额定电流下进行工作。如暂不可能，不允许在超过 1.3 倍额定电流下长期工作，以确保电容器的使用寿命。

（3）装置电容器组地点的环境温度不得超过 40℃，24h 内平均温度不得超过 30℃，一年内平均温度不得超过 20℃。电容器外壳温度不宜超过 60℃。如发现超过上述要求时，应采用人工冷却，必要时将电容器组与网路断开。

6．电容器的保护

（1）容量在 100kvar 以下时，可用跌落式保险保护；100～300kvar 时，应采用负荷开关；300kvar 以上时，应采用断路器保护。

（2）用合适的避雷器来进行大气过电压保护。

（3）每个电容器上装置单独的熔断器，熔断器的额定电流应按熔丝的特性和接通时的涌流来选定，一般为 1.5～2 倍电容器的额定电流为宜。

（4）电容器不允许装设自动重合闸装置。主要是因电容器放电需要一定时间，当电容器组的开关跳闸后，如果马上重合闸，电容器是来不及放电的，在电容器中就可能残存着与重合闸电压极性相反的电荷，这将使合闸瞬间产生很大的冲击电流，从而造成电容器外壳膨胀、喷油，甚至爆炸。

7．电容器的投入和退出

（1）当功率因数低于 0.9、电压偏低时应投入。

（2）当功率因数趋近于 1 且有超前趋势、电压偏高时应退出。

（3）发生下列故障之一时，应紧急退出。

① 连接点严重过热甚至熔化；

② 瓷套管闪络放电；

③ 外壳膨胀变形；

④ 电容器组或放电装置声音异常；

⑤ 电容器冒烟、起火或爆炸。

（4）注意事项。

① 电力电容器组在接通前应用兆欧表检查放电网络。

② 接通和断开电容器组时，必须考虑以下几点。

a. 当汇流排（母线）上的电压超过 1.1 倍额定电压最大允许值时，禁止将电容器组接入电网。

b. 在电容器组自电网断开后 1min 内不得重新接入，但自动重复接入情况除外。

c. 在接通和断开电容器组时，要选用不能产生危险过电压的断路器，并且断路器的额定电流不应低于 1.3 倍电容器组的额定电流。

8．电容器的操作

（1）在正常情况下，全所停电操作时，应先断开电容器组断路器后，再拉开各路出线断路器。恢复送电时应与此顺序相反。

（2）事故情况下，全所无电后，必须将电容器组的断路器断开。

（3）电容器组断路器跳闸后不准强送电。保护熔丝熔断后，未经查明原因之前，不准更换熔丝送电。

（4）电容器组禁止带电荷合闸。电容器组再次合闸时，必须在断路器断开 3min 之后才可进行。

9．电容器运行中的故障处理

（1）当电容器喷油、爆炸着火时，应立即断开电源，并用砂子或干式灭火器灭火。

（2）电容器的断路器跳闸，而熔丝未熔断，应对电容器放电 3min 后，再检查断路器、电流互感器、电力电缆及电容器外部等情况。若未发现异常，则可能是由于外部故障或电压波动所致，可以试投，否则应进一步对保险做全面的通电试验。通过以上检查、试验，若仍找不出原因，则应拆开电容器组，并逐台进行检查试验。但在未查明原因之前，不得试投运。

（3）当电容器的熔丝熔断时，应向值班调度员汇报，取得同意后，在切断电源并对电容器放电后，先进行外部检查，如套管的外部有无闪络痕迹，则应检查电容器外壳是否变形、漏油及接地装置有无短路等，然后用摇表摇测极间及极对地的绝缘电阻值。如未发现故障迹象，可换熔丝继续投入运行。如经送电后熔丝仍熔断，则应退出故障电容器。

（4）处理故障电容器时应注意的安全事项

处理故障电容器应先断开电容器的断路器，再拉开断路器两则的隔离开关。这是由于电容器组经放电电阻（放电变压器或放电 PT）放电后，可能有部分残存电荷一时放不尽，仍应进行一次人工放电。放电时先将接地线接地端接好，再用接地棒多次对电容器放电，直至无放电火花及放电声为止。尽管如此，在接触故障电容器之前，还应戴上绝缘手套，先用短路线将故障电容器两极短接，然后方可动手拆卸和更换。

10．电力电容器的修理

（1）套管、箱壳上面的漏油，可用锡铅焊料修补，但应注意烙铁不能过热，以免镀层脱焊。

（2）电容器发生对地绝缘击穿，电容器的损失角正切值增大，箱壳膨胀及开路等故障，需要在专用修理厂进行修理。

电容器的内部接线

（1）先并联后串联：此种接线应优先选用。当一台电容器出现击穿故障，故障电流由来自系统的工频故障电流和健全电容器的放电电流组成，流过故障电容器的保护熔断器故障电流较大，熔断器能快速熔断。切除故障电容器后，健全电容器可继续运行。

（2）先串联后并联：当一台电容器出现击穿故障时，故障电流因受与故障电容器串联的健全电容器容抗限制，流过故障电容器的保护熔断器故障电流较小，熔断器不能快速熔断并切除故障电容器，故障持续时间长，健全电容器可能因长时间过电压而损坏，从而扩大事故。

学习任务七

电机检测

7.1 任务页

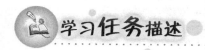

1. 提出任务

电动机在工农业生产中使用极为广泛，数量可观。长期使用难免发生故障，如不及时发现，往往会造成生产和经济上的巨大损失。所以，需要使用仪表定期对电机进行检测，如图 7-1 所示。究竟能用哪些仪表进行检测？如何检测电机呢？

2. 引导任务

要对电机进行绝缘电阻、线电流的检测，就要用到可以用来检测的仪表，测电阻、测电流时，我们通常都是用万用表来进行检测的。但要检测电机的绝缘电阻、电机的线电流，万用表就无能为力了。所以，在这个问题上，我们必需得选择与它匹配的仪表，即摇表和钳形电流表。

图 7-1　对电机进行检测

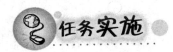

任务实施

1. 实施步骤

（1）教学组织

教学组织流程如图 7-2 所示。

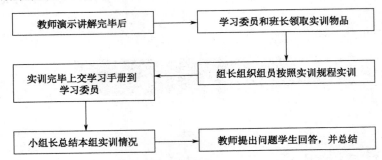

图 7-2　教学组织流程图（学习任务七）

　　教师讲解完毕，让小组组长分列站好，听到老师指令后按照老师演示的动作规范操作。分组实训：每 2 人一组，每组小组长一名。

　　① 教师示范讲解。

　　a. 示范电工安全用具的正确使用方法。

　　b. 示范要求：

　　● 教师操作要规范，速度要慢；

　　● 边操作、边讲解介绍，观察学生反应；

　　● 必要的话要多次示范，让学生参与。

　　② 学生操作。

　　学生两人一组完成课题任务。

　　③ 巡回指导。

　　a. 单独指导。对个别学生在实习中存在的问题，给予单独指导。

　　b. 集中指导。对学生在实习中普遍存在的问题，采取集中指导，解决问题。

　　c. 巡回指导的注意事项：

　　● 实习操作规范、熟练程度等；

　　● 答疑和指导操作。

　　④ 实训完毕上交学习手册到学习委员。

　　⑤ 小组长总结，教师提问并总结。

　　（2）必要器材/必要工具

　　① 钳形表 3 个。

　　② 兆欧表 3 台。

　　③ 万用表 3 个。

　　④ 电机 3 台。

　　（3）任务要求

　　① 查阅相关资料与学习页；

② 用万用表估测三相异步电动机的绕组阻值；

③ 用摇表测量三相异步电动机的绝缘电阻；

④ 用钳形电流表测量三相异步电动机的线电流；

⑤ 整个操作过程规范正确，安全文明。

2．实训训练步骤

（1）先将三相异步电动机接线盒拆开，取下所有接线柱之间的连接片，使三相绕组各自独立。然后按照表 7-1 所示步骤进行操作。

表 7-1　三相异步电动机检测

项目	要求	图示	操作方法
估测电阻	用万用表估测三相异步电动机的绕组阻值	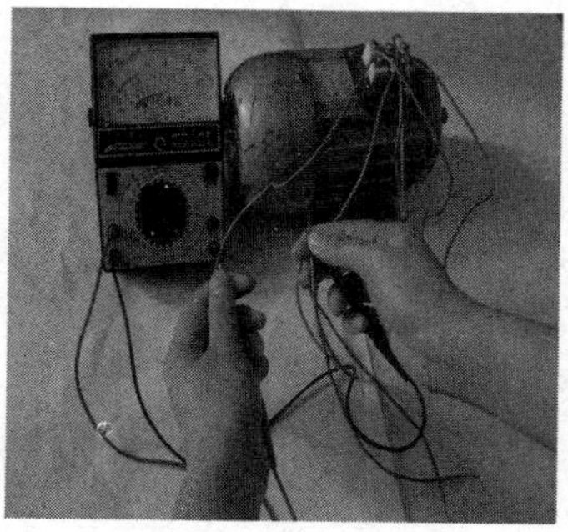	1．用万用表估测三相异步电动机的绕组阻值 2．选择合适的量程，用万用表估测三相异步电动机的绕组阻值，并正确读出测量值
测量电机的绝缘电阻	用摇表测量电动机相对地、相与相的绝缘电阻	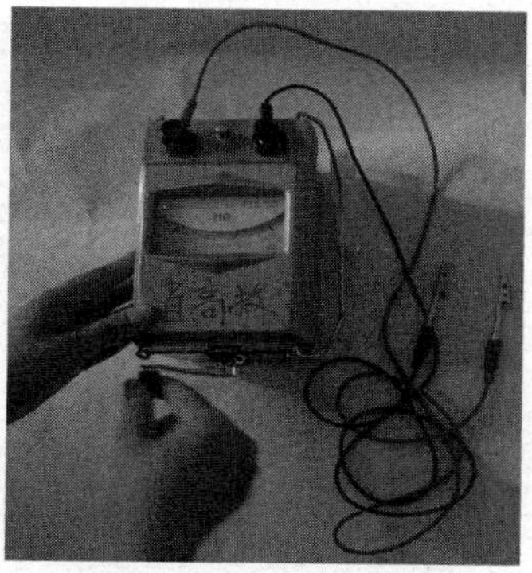 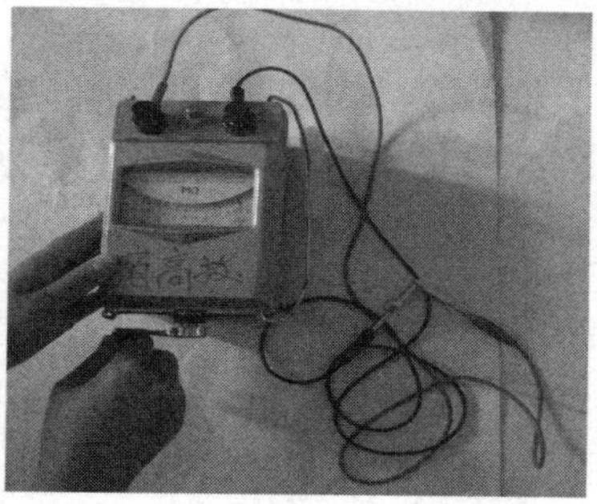 	1．兆欧表的检查 　开路试验 　在兆欧表未接通被测电阻之前，摇动手柄使发电机达到120r/min的额定转速，观察指针是否指在标度尺"∞"的位置。 　短路试验 　将端钮L和E短接，缓慢摇动手柄，观察指针是否指在标度尺的"0"位置。

项目	要求	图示	操作方法
测量电机的绝缘电阻	用摇表测量电动机相对地、相与相的绝缘电阻	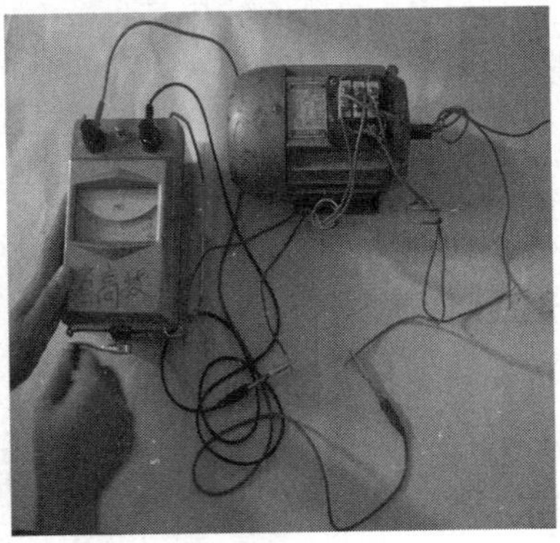	2．测量电机相与相的绝缘 把接线柱"L"、"E"分别接电机的绕组，摇动手柄使发电机达到120r/min的额定转速，并读出数据
		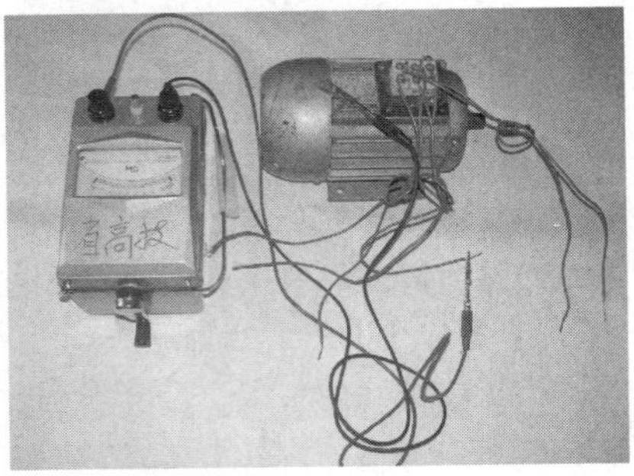	3．测量电机相与地的绝缘 把接线柱"L"接电机的绕组、"E"接电机的外壳，摇动手柄使发电机达到120r/min的额定转速，看摇表指针指在哪里，判断电机的绝缘是否合格，并读出数据
测量电机的线电流	用钳形电流表测量三相异步电动机的线电流	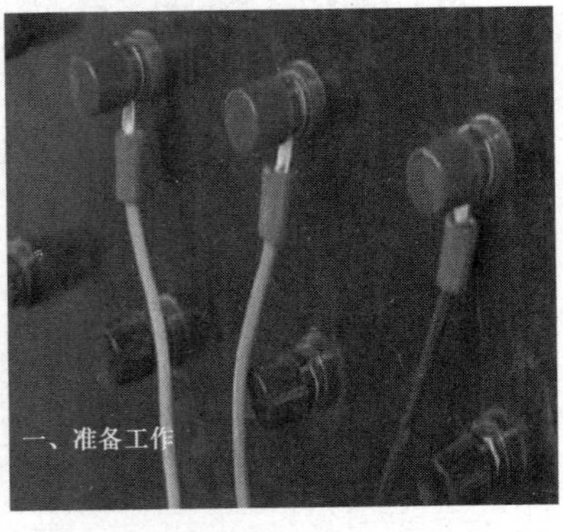 一、准备工作	1．先接通三相交流电流，然后使三相异步电动机通电运行
		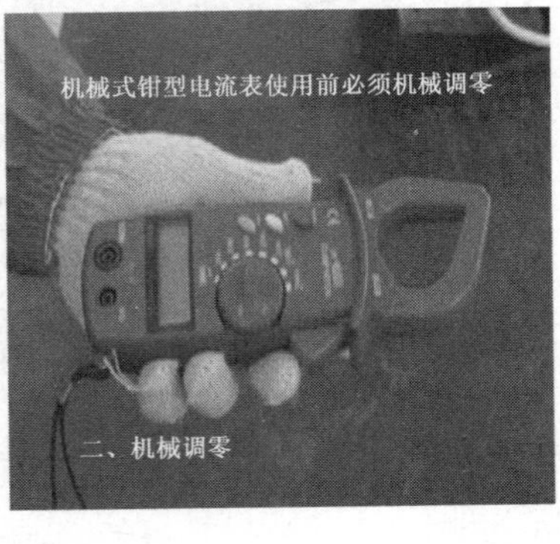 机械式钳型电流表使用前必须机械调零 二、机械调零	2．使用前指针应机械调零

续表

项目	要求	图示	操作方法
测量电机的线电流	用钳形电流表测量三相异步电动机的线电流	 三、选择量程 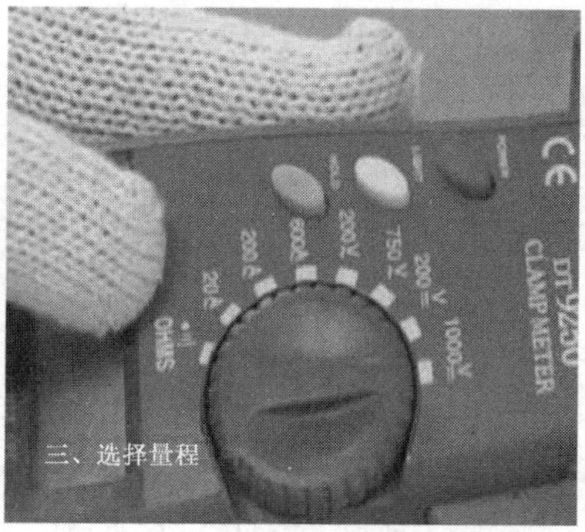 三、选择量程 四、测量、记录 	3. 选择量程 根据三相异步电动机的铭牌上标示的额定电流选择钳形电流表的量程。 测量电流时，把量程开关转到合适的量程上，如果被测电流未知，应先将开关旋到较大量程；然后视被测电流的大小再减少量程，切忌在测量过程中转换量程挡 4. 测量、记录 将被测支路导线置于钳口的中央。当指针稳定时，进行读数、记录

续表

项目	要求	图示	操作方法
测量电机的线电流	用钳形电流表测量三相异步电动机的线电流		5.归挡 测量完毕，退出被测电线。将钳形电流表量程选择旋钮置于高量程挡位上，以免下次使用时不慎损伤仪表

（2）扣分标准如表7-2所示。

表7-2　学习任务七扣分标准

序号	主要内容	评分标准	配分	扣分	得分
1	测量准备	万用表测量挡位选择不正确扣20分	20分		
2	测量过程	测量过程中，操作步骤每错1处扣10分	40分		
3	测量结果	测量结果有较大误差或错误扣20分	20分		
4	维护保养	维护保养有误每处扣1分	10分		
5	安全生产	违反安全生产规程扣5～10分	10分		
6	工时：20min	不准超时			
7	备注	合计			
		教师签字	年　月　日		

3.写出各检测方法及检测中碰到的问题和分析解决问题的方法；测量数据记录（电机的阻值、电机的绝缘电阻、电机的线电流）

检测方法及检测中碰到的问题：_____

_____

_____

_____

解决的方法：_____

_____

_____

测量数据记录：_____

_____

_____

4.实训要求

能够正确使用钳形电流表，读出所测电流；能够正确使用摇表，读出所测数值；万用表能够正确选挡，能准确读出数据。

5．口述题

（1）如何选用钳形电流表？

根据被测电路的电压与电流选钳表的电压等级与电流量程，测高压电路电流选高压钳表，低压电路选低压钳表。

（2）如何选用摇表？

根据被测电气设备或线路的额定电压，选择相对应电压等级的摇表。低压设备或线路选用500V，测额定电压在500V以上的设备选用1000V的摇表，高压设备或线路选用2500V摇表。

（3）万用表由哪几部分组成？

万用表由三大部分组成：表头、测量线路、转换开关。

① 表头：通常采用磁电式测量机构作为万用表表头。

② 测量线路：一般万用表的测量线路由多量程直流电流表、多量程直流电压表、多量程交流电压表及多量程欧姆表组成。

③ 转换开关：万用表各种测量种类及量程的选择是靠转换开关来实现的。

6．注意事项

（1）万用表使用时，一定注意及时变换挡位和量程；万用表使用完毕，应该将转换开关转换到交流电压最高挡位（1000V位置）；万用表长期不用，应该将表内电池取出。

（2）摇表未停止转动之前，或被测设备未放电之前，严禁用手触及，防止人身触电。

（3）钳形表不得去测量高压线路上的电流；再次测量时只能钳入一根导线；电流与电压不能同时测量；测量完毕，应将量程转换开关扳到最大量程挡位置；仪表不能受到敲击或剧烈震动。

 知识要点

一、填空题

1．钳形电流表由＿＿＿＿＿＿＿和＿＿＿＿＿＿＿＿＿组成。

2．钳形表不得去测量＿＿＿＿＿＿＿线路上的电流。

3．兆欧表也称＿＿＿＿＿＿，是专供测量＿＿＿＿＿＿＿＿＿＿＿＿＿＿＿＿用的仪表。

4．欧姆表量程的扩大实际是通过改变＿＿＿＿＿＿＿＿＿＿＿＿＿来实现的。

5．仪表误差分为基本误差和＿＿＿＿＿＿误差，测量误差可分为＿＿＿＿＿、＿＿＿＿＿、＿＿＿＿＿＿三大类。

6．钳形电流表最大的优点是＿＿＿＿＿＿＿＿＿＿＿＿＿＿＿＿＿＿＿＿测量电流。

7．用万用表R×100Ω挡测量一只晶体管各极间正、反向电阻，如果都呈现很小的阻值，则这只晶体管＿＿＿＿＿＿＿＿＿＿。

8．兆欧表有三个测量端钮，分别标有L、E和G三个字母，若测量电缆的对地绝缘电

阻，其屏蔽层应接_____。

二、问答题

1. 万用表使用前为什么要调零？如果不能调零？应怎么办？

_____

_____

_____

2. 如何使用兆欧表测量绝缘电阻？

_____

_____

_____

3. 简述利用钳型电流表测量电流的方法。

_____

_____

_____

_____

综合评定

1. 自我评价

（1）本节课我学会和理解了：

_____

_____

（2）我最大的收获是：

_____

_____

（3）我的课堂体会是：快乐（　）、沉闷（　）

（4）学习工作页是否填写完毕？是（　）、否（　）

（5）工作过程中能否与他人互帮互助？能（　）、否（　）

2. 小组评价

（1）学习页是否填写完毕？

评价情况：是（　）、否（　）

（2）学习页是否填正确？

错误个数：1（　）2（　）3（　）4（　）5（　）6（　）7（　）8（　）

（3）工作过程当中有无危险动作和行为？

评价情况：有（　）、无（　）

（4）能否主动与同组内其他成员积极沟通并协助其他成员共同完成学习任务？

评价情况：能（　）、不能（　）

（5）能否主动执行作业现场 6S 要求？

评价情况：能（　）、不能（　）

3．教师评价

综合考核评比表如表 7-3 所示。

表 7-3　学习任务七综合考核评比表

序号	考核内容	评分标准	配分	自我评价 0.1	小组评价 0.3	教师评价 0.6	得分
1	任务完成情况	按照填空答案质量评分	10分				
		电机测量挡位选择是否正确；测量过程中，操作步骤是否正确	15分				
		测量结果有较大误差或错误	15分				
2	责任心与主动性	若丢失或故意损坏实训物品，全组得0分，不得参加下一次实训学习	15分				
		主动完成课堂作业，完成作业的质量高，主动回答问题	10分				
3	团队合作与沟通	团队沟通，团队协作，团队完成作业质量	10分				
4	课堂表现	上课表现（上课睡觉，玩手机，或其他违纪行为等）一次全组扣5分	15分				
5	职业素养（6S标准执行情况）	无安全事故和危险操作，工作台面整洁，仪器设备的使用规范合理	10分				
6	总分						

获得等级：90分以上（　）☆☆☆☆☆　　积5分

　　　　　75～90分（　）☆☆☆☆　　积4分

　　　　　60～75分（　）☆☆☆　　积3分

　　　　　60分以下（　）　　　积0分

　　　　　50分以下（　）　　　积-1分

注：学生每完成一个任务可获得相应的积分，获得90分以上的学生可评为项目之星。

教师签名：＿＿＿＿＿＿

日期　　年　月　日

7.2　学习页

学习目标

1. 钳形表的使用和维护
2. 兆欧表选择、使用及维护
3. 万用表使用及维护
4. 仪表使用注意事项

相关知识

1. 钳形电流表的使用与维护

钳形电流表的最大优点是能在不停电的情况下测量交流电流。钳形电流表根据其结构及用途分为互感器式和电磁式两种。

常用的是互感器式钳形电流表，它由电流互感器和整流式仪表组成，其外形如图 7-3（a）所示。它只能测量交流电流。

（1）钳形电流表的使用

钳形电流表的结构和原理如图 7-3（b）所示。

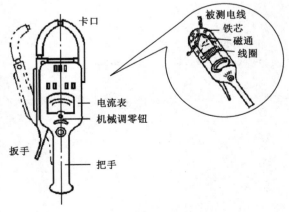

（a）钳形电流表实物图　　　　　（b）钳形电流表示意图

图 7-3　互感器式钳形电流表

① 结构。由电流互感器和一个带整流装置的磁电式表头组成。为了扩大被测电流的量

程，与磁电式表头并联有环形分流器，通过用转换开关改变分流比来调整测量量程。

② 测量原理。仪用互感器和整流原理。

（2）使用方法

① 使用前指针应调零；

② 测量电流时，先把量程开关转到合适的量程上，如果被测电流未知，应先将开关旋到最大量程；然后视被测电流的大小再减少量程，切忌在测量过程中转换量程挡；

③ 张开可动铁芯，将被测载流导线放在钳口中央位置，然后闭合铁芯，即可在标尺上读数；

④ 测量电压时，先将测量开关转到电压量程上，将两表笔分别插入相应电压等级的插孔内，然后将表笔接于被测电路上，即可在标度尺上读数；

⑤ 测量较小电流时，为了得到准确的读数，在条件许可时，可将被测导线在钳口铁芯上绕几圈再进行测量，实际电流值等于仪表的读数除以放进钳口中的导线匝数，如图7-4所示。

⑥ 测三相平衡负载时，若将三相电流三根相线放入钳口内，钳形表有读数则说明三相负载存在故障，若无读数则说明负载正常（三相交流平衡负载中，三相电流矢量和为零）。

（3）钳形表的维护保养

使用完毕，退出被测电线。将量程选择旋钮置于最高量程挡位上，以免下次使用时不慎损伤仪表。

（I=读数÷导线匝数 N）

图 7-4　测量较小电流时实际电流值算法

（4）钳形表使用时的注意事项

① 钳形表不得去测量高压线路上的电流；

② 再次测量时只能钳入一根导线；

③ 电流与电压不能同时测量；

④ 测量完毕，应将量程转换开关扳到最大量程挡位置；

⑤ 仪表不能受到敲击或剧烈震动。

2. 兆欧表选择、使用及维护

（1）什么是兆欧表？兆欧表的特点及用途是什么？

兆欧表俗称"摇表"，它主要由磁电式比率表、手摇直流发电机、测量线路三大部分组成，如图 7-5 所示。其用途是测量电气设备的绝缘电阻。磁电式比率表的特点是：其指针的偏转角与通过两动圈电流的比率有关，而与电流的大小无关。图 7-6 所示为 ZC25 型兆欧表内部线路图

用途：兆欧表是专供用来检测电气设备、供电线路的绝缘电阻的一种便携式仪表。电气设备绝缘性能的好坏，关系到电气设备的正常运行和操作人员的人身安全。为了防止绝缘材料由于发热、受潮、污染、老化等原因所造成的损坏，为便于检查修复后的设备绝缘性能是否达到规定的要求，都需要经常测量其绝缘电阻。

图 7-5 兆欧表

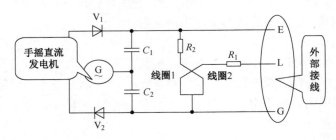

图 7-6 ZC25 型兆欧表内部线路图

（2）兆欧表工作原理如图 7-7 所示。

① 被测电阻 R_x 接在"L"与"E"两个端钮之间。

② 摇动直流发电机的手柄，发电机两端产生较高的直流电压，线圈 1 和线圈 2 同时通电。

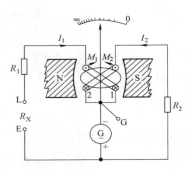

图 7-7 兆欧表工作原理图

③ 通过线圈 1 的电流 I_1 与气隙磁场相互作用产生转动力矩 M_1；通过线圈 2 的电流 I_2 也与气隙磁场相互作用产生反作用力矩 M_2，M_1 与 M_2 方向相反.

④ 由于气隙磁场是不均匀的，所以转动力矩 M_1 不仅与线圈 1 的电流 I_1 成正比，而且还与线圈 1 所处的位置（用指针偏转角 α 表示）有关。

⑤ 在测量 R_x 时，随 R_x 的改变，I_1 改变，而 I_2 基本不变。线圈 2 主要是用来产生反作用力矩的，这个力矩基本不变。当 $R_x \to 0$ 时，I_1 最大，兆欧表的指针在转动力矩和反作用力矩的作用下偏转到最大位置，即"0"位置。当 $R_x \to \infty$ 时，$I_1 \to 0$，指针在反作用力矩的

作用下偏转到最小位置，即"∞"位置，所以兆欧表可以测量 0～∞ 之间的电阻。

（3）兆欧表的选用方法如下：

① 兆欧表的额定电压一定要与被测电气设备或线路的工作电压相适应。

② 兆欧表的测量范围要与被测绝缘电阻的范围相符合，以免引起大的读数误差。

（4）如何使用兆欧表？

① 兆欧表的接线。

a. 兆欧表有三个接线端钮，分别标有 L（线路）、E（接地）和 G（屏蔽），如图 7-8 所示。

b. 当测量电力设备对地的绝缘电阻时，应将 L 接到被测设备上，E 可靠接地即可。

图 7-8　ZC25 型兆欧表外形图

② 兆欧表的检查。

a. 开路试验。在兆欧表未接通被测电阻之前，摇动手柄使发电机达到 120r/min 的额定转速，观察指针是否指在标度尺"∞"的位置，如图 7-9（a）所示。

b. 短路试验。将端钮 L 和 E 短接，缓慢摇动手柄，观察指针是否指在标度尺的"0"位置，如图 7-9（b）所示。

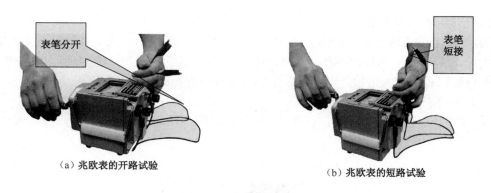

（a）兆欧表的开路试验　　　　　　　　　　（b）兆欧表的短路试验

图 7-9　兆欧表的检查

③ 兆欧表的使用。

a. 观测被测设备和线路是否在停电的状态下进行测量。并且兆欧表与被测设备间的连接导线不能用双股绝缘线或绞线，应用单股线分开单独连接。

b. 将被测设备与兆欧表正确接线。摇动手柄时应由慢渐快至额定转速 120r/min，如图 7-10 所示。

c. 正确读取被测绝缘电阻值大小，如图 7-11 所示。同时，还应记录测量时的温度、湿度、被测设备的状况等，以便于分析测量结果。

图 7-10　兆欧表的使用

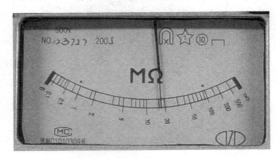

图 7-11　兆欧表的读数

（5）注意事项

摇表未停止转动之前，或被测设备未放电之前，严禁用手触及，防止人身触电。

3．万用表使用及维护

（1）万用表基本介绍

万用表，因其能够完成的测量项目比较多而得名。一般的万用表都能够进行交流电压、直流电压、直流电流、电阻的测量，有的万用表还能够进行更多项目的测量，比如 MF-47D 还能够进行三极管放大倍数、电容量、电感量等其他项目的测量。

（2）万用表的使用前的准备

① 装电池。万用表使用前，要装好干电池，如图 7-12 所示电池分别为 1.5V、9V 两种规格。

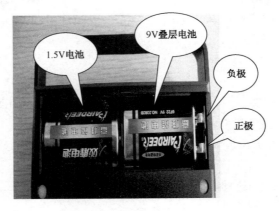

图 7-12　万用表电池的安装

② 表笔的插接。万用表配戴了两只表笔（黑、红各一只）。使万用表时，要将黑表笔插接到 MF-47D 万用表右下角的"COM"插孔内，红表笔一般情况下插接到标有"+"符号的正极插孔内，图 7-13 所示为万用表面板介绍图。

③ 刻度盘。刻度盘上有多条对应于不同测量项目的刻度线，同时为了减少读数误差而设置了反光镜。在万用表测量过程中读数时，眼睛、万用表的实际指针、反光镜中的指针三者要在一条直线上（读数时眼睛要在指针的正上方，看不到反光镜中的指针即说明三者在一条直线上），如图 7-13 所示。

图 7-13　万用表面板

④ 机械零位。万用表的机械零位，也叫做电压（或电流）零位，如图 7-13 所示。它是指万用表在不进行任何测量项目的时候，指针应该在表盘刻度线右边的零位，如果有较大距离的偏离，则需要调整"机械调零螺口"，如图 7-13 所示。一般情况下，此螺口尽量不要动，如果万用表使用两三年以后，确实偏离了零位较多，则可以适当进行调整，但是调整时候，螺口在一个方向上的旋转最好不要超过 90°。

⑤ 转换开关。万用表的转换开关是使用万用表进行不同项目的测量的时候，用来转换测量项目，以及一个项目内的不同量程的，如图 7-13 所示。例如，如果需要测量墙内插座的电压是否正常，首先要知道测量项目是交流电压，然后，应该选择合适的量程，即 250V，这些就需要通过旋转转换开关来完成。

（3）教学内容

① 万用表的交流电压挡。

a. 挡位。MF-47D 万用表的交流电压挡，共有 6 个挡位，分别为 10、50、250、500、1000、2500，如图 7-14 所示。不同的挡位能够测量的最大电压值不同，例如，当将转换开关转换到 50V 挡位，能够测量的最大电压为 50V，亦即当万用表的指针满偏时，电压值是 50V。

b. 高电压插孔（如图 7-14 所示）。当用万用表测量高于 1000V 而低于 2500V 的较高电压时，需要将万用表的红表笔从正极插孔拔出，插接到 2500V 电压专用插孔，黑表笔保持不动。（此时，表的量程要旋至交流电压 1000V 量程位置）

c. 量程的选择。测量时，要选则合适的量程，量程太大影响测量精度，太小又不能读出其确切值。具体的选择方法是：如果已知被测电压的大概值，可以选择和它最接近（但要大于该值）的量程；而当完全不知道被测电压值时，应该选择最大量程，然后根据指针

的偏转情况，适当地改变量程。

图 7-14　MF-47D 万用表的挡位图

d. 红、黑表笔测量时的区别。测量交流电压时，红黑表笔是不用做任何区分的，也就是说，测量时两个表笔任意分别接触测量信号的一端即可。

e. 万用表和电路的连接方式。在进行交流电压的测量时，要将万用表和被测电路并联。

f. 10V 交流挡专用刻度线。当万用表转换到 10V 交流挡位进行测量时，对应的刻度线是：万用表刻度盘上的第二条（从外向里数）刻度线，即红色的那条。此刻度线，共有十个大格，也就是说每一个大格所代表的电压是 1V。每个大格又分为五个小格，当然一个小格的电压就是 0.2V。其对应的刻度数在第三条刻度线的下方（即和第三条刻度线共用刻度数）。

此条刻度线的特点是：刻度线起始部位稍微有些不均匀。

g. 通用刻度线的电压值计算方法。除 10V 交流挡以外，其他各个挡位在测量时，都要读第三条刻度线。此条刻度线有十个大格，每个大格又分为五个小格。当使用不同的量程的时候，每个大格或者小格所代表的电压数值是不同的。例如，当万用表为 50V 量程时，每个大格代表的电压值是 5V，每个小格代表的电压值就是 1V 了；而当万用表为 1000V 量程时，每个大格代表的电压值是 100V，每个小格代表的电压值就变成了 20V 了。这一点使用者一定要搞清楚。

为了便于使用者方便、快捷地读数，此刻度线下方标注了三条刻度数。

② 直流电压挡。

a. 挡位。MF-47D 万用表的直流电压挡，共有 8 个挡位，如图 7-14 所示。分别为：0.25、0.5、2.5、10、50、250 、500、1000。和交流电压挡一样，不同的挡位所能够测量的最大电压值不同。量程的含义同交流电压挡一样。

b. 高电压插孔。当用万用表测量高于 1000V 而低于 2500V 的较高直流电压时，需要将万用表的红表笔，从正极插孔拔出，插接到 2500V 电压专用插孔，黑表笔保持不动。此时，表的量程要旋至直流电压 1000V 量程位置。

c. 量程的选择。和交流电压挡量程的选择原则一样。

d. 万用表和电路的连接方式。在进行直流电压的测量时，和测量交流电压一样，要将万用表和被测电路并联。

e. 红、黑表笔测量时的区别。在进行直流电压的测量时，必须注意区分黑、红两只表笔。也就是说，测量时要让红表笔接触被测电压的高电位端，黑表笔接触低电位端，表针才能够正偏而进行测量数值的读取。

当事先不知道被测电压哪一端电位高（低）时，要采用"试触"的方法，确定出高、低电位端，方可进行测量。

f. 刻度线。测量直流电压时，读刻度盘上的第三条刻度线（也就是说和交流电压的通用刻度线共用）。读数方法同测量交流电压。

③ 直流电流挡。

a. 挡位。MF-47D 万用表的直流电流挡，共有五个挡位，如图 7-14 所示。分别为：0.05、0.5、5、50、500。和交流（或者直流）电压挡一样，不同的挡位所能够测量的最大电流值不同。量程的含义同交流电压挡一样。

b. 大电流插孔。当用万用表测量高于 500 mA 而低于 10A 的较大直流电流时，需要将万用表的红表笔，从正极插孔拔出，插接到 10A 电流专用插孔，黑表笔保持不动。此时，表的量程要旋至直流电压 500 mA 量程位置。

c. 量程的选择。和交流（或直流）电压挡量程的选择原则一样。

d. 万用表和电路的连接方式。在进行直流电流的测量时，和测量电压不同，这里要将万用表和被测电路串联。

e. 红、黑表笔测量时的区别。在进行直流电流的测量时，必须注意区分黑、红两只表笔。也就是说，测量时要让电流从红表笔流入万用表，从黑表笔流出，表针才能够正偏而进行测量数值的读取。

当事先不知道被测电流的实际流向时，要采用"试触"的方法，确定出实际流向，方可进行测量。

f. 刻度线。测量直流电流时，读刻度盘上的第三条刻度线（也就是说和交流电压、直流电压共用）。读数方法同测量交流（直流）电压一样。

④ 电阻挡

万用表的电阻挡和其他项目挡位具有非常大的差异，其中之一便是：如果万用表内不装电池的话，可以进行电压、电流的测量，而无法进行电阻的测量。换句话说，万用表内的电池，是为电阻挡使用的。

a. 挡位。MF-47D 万用表的电阻挡，共有五个挡位。分别为：×1、×10、×100、×1k、×10k。万用表电阻档量程的含义和交流（或者直流）电压挡完全不同，电阻挡的量程是电阻指针在电阻刻度线上指示数值的倍率。亦即，电阻的测量值=指针指示数值×量程（倍率）。

b. 刻度线。测量电阻时，读刻度盘上的第一条刻度线，如图 7-15 所示。

图 7-15　MF-75D 万用表上的刻度线

c. 量程的选择。在测量电阻时，为了减小测量以及读数误差，应尽可能通过改换量程，使指针指示在万用表刻度线的中间部位（中间 3/5 范围内）的。

　　d. 欧姆调零。万用表在使用电阻挡进行电阻测量时候，一定要进行欧姆调零。具体方法是：把万用表的黑、红两只表笔短接（笔尖捏在一起），看万用表的指针是否在欧姆零位（注意：电阻挡的欧姆零位在刻度线的最右端），如果不在要通过旋转欧姆调零旋钮，使指针指示在欧姆零位。

　　尤其需要注意的是：在电阻的某个挡位欧姆调零完毕，如果需要改换量程测量时，必须进行重新调零。也就是说：万用表欧姆挡测试时，要进行欧姆调零，而且每改换一个量程都要重新进行欧姆调零。

　　如果调整调零旋钮不能使指针调整到欧姆零位，说明电池电量不足，这时候要更换表内电池。×1、×10、×100、×1k 四个挡位（尤其小挡位）不能调零的话，需更换表内 1.5V 电池，×10k 不能调零的话，则需要更换表内 9V 叠层电池。

　　e. 读数方法。万用表电阻挡进行电阻测量时的读数方法和电压、电流挡完全不同，测量值=指针的指示数值×量程（倍率）。

　　f. 表笔的输出电压。万用表打在电阻挡，黑、红两个表笔之间是有直流电压存在的。也就是说，可以把打在电阻挡的万用表可以看成一个电源，切记：黑表笔输出的是电压的正极，红表笔输出的是电压的负极。

　　⑤ 万用表使用的注意事项：

　　a. 在测电流、电压时，不能带电换量程；

　　b. 选择量程时，要先选大的，后选小的，尽量使被测值接近于量程；

　　c. 测电阻时，不能带电测量。因为测量电阻时，万用表由内部电池供电，如果带电测量，则相当于接入一个额外的电源，可能损坏表头；

　　d. 使用完毕，应使转换开关调在交流电压最大挡位或空挡上。

知识拓展

　　电动机绝缘电阻的概念：测量电动机的绝缘电阻，就是测量电动机绕组对机壳和绕组相互间的绝缘电阻。各相绕组的始末端均引出机壳外，应断开各相之间的连接线，分别测量每相绕组之间的绝缘电阻，即绕组对地的绝缘电阻，然后测量各相绕组之间的绝缘电阻即相间绝缘电阻。如果绕组只有始端或末端引出壳外，则应测量所有绕组对机壳的绝缘电阻。

学习任务八

电力拖动

学习任务描述

1. 提出任务

在日常生活中使用的电风扇、洗衣机等家用电器，在生产中大量使用的各式各样的生产机械，如车床、钻床、铣床、轧钢机等，都是由电动机来带动的，这就是电力拖动，简称电拖。图 8-1 所示为电力拖动车床。

常用的电拖线路是如何实现的？又该如何检测呢？

2. 引导任务

要明白甚至设计电拖线路，首先需清楚三相异步电动机是如何转动起来的，接着再分析、设计电拖线路。

图 8-1　电力拖动车床

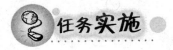

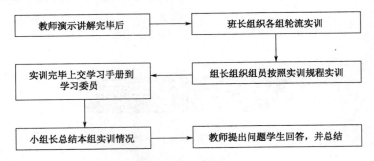

任务实施

1. 实施步骤

（1）教学组织

教学组织流程如图 8-2 所示。

```
┌─────────────────────┐        ┌─────────────────────┐
│   教师演示讲解完毕后   │───────▶│   班长组织各组轮流实训  │
└─────────────────────┘        └─────────────────────┘
                                           │
                                           ▼
┌─────────────────────┐        ┌─────────────────────┐
│ 实训完毕上交学习手册到 │◀───────│ 组长组织组员按照实训规程实训│
│      学习委员         │        └─────────────────────┘
└─────────────────────┘
         │
         ▼
┌─────────────────────┐        ┌─────────────────────┐
│  小组长总结本组实训情况 │───────▶│ 教师提出问题学生回答，并总结│
└─────────────────────┘        └─────────────────────┘
```

图 8-2　教学组织流程图（学习任务八）

教师讲解完毕，让小组组长分列站好，听到老师指令后按照老师演示的动作规范操作。分组实训：每 2 人一组，每组小组长一名。

① 教师示范讲解。

a. 示范电拖线路接线、试车及线路检测方法。

b. 示范要求：

● 教师操作要规范，速度要慢；

● 边操作、边讲解介绍，观察学生反应；

● 必要的话要多次示范，让学生参与。

② 学生操作。

学生两人一组安装完成课题任务。

③ 巡回指导。

a. 单独指导。对个别学生在实习中存在的问题，给予单独指导。

b. 集中指导。对学生在实习中普遍存在的问题，采取集中指导，解决问题。

c. 巡回指导的注意事项：

● 实习操作规范、熟练程度等；

● 答疑和指导操作。

④ 实训完毕上交学习手册到学习委员。

⑤ 小组长总结，教师提问并总结。

（2）必要器材/必要工具

① 电力拖动教学实验台 1 台。

② 电动机 1 台。

③ 常用电工工具 1 套。

④ 万用表 1 个。

⑤ 导线若干。

（3）任务要求

① 了解三相异步电动机的结构及其工作原理；

② 掌握常用电力拖动线路的安装和调试；

③ 独立检测常用电力拖动控制线路；

④ 整个操作过程规范正确，安全文明。

2．实习课题

（1）用按钮及交流接触器控制三相电动机的启动、运转及点动

操作步骤：

① 在电力拖动教学实验台上参照图 8-3 布置元件。

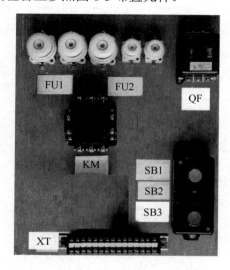

图 8-3 电力拖动教学实验台布置图（1）

② 按图 8-4 正确接线。

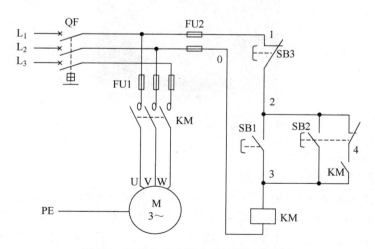

图 8-4 连续与点动混合正转控制线路图

③ 口述：怎样选择电动机用的熔断器的熔体？

- 绕线式电动机按电动机额定电流的 1～1.25 倍选择；
- 鼠笼式电动机按电动机额定电流的 1.5～2.5 倍选择；
- 启动时间较长的鼠笼式电动机按电动机额定电流的 3 倍选择；
- 连续工作制的直流电动机按电动机额定电流值选择；
- 反复短时工作制的直流电动机按电动机额定电流的 1.25 倍选择。

④ 评分要求：接线正确，电动机能够启动、运转、点动、停止运行，扣分标准见表 8-1。

表 8-1　学习任务八（1）扣分标准

序号	扣分项目	扣分数
1	主回路接错线	25分
2	主回路接线正确，控制回路接错线	20分
3	设备的金属外壳没有接地	3分
4	黄绿双色线用于主回路或控制回路	5分
5	口述怎样选择电动机用的熔断器的熔体，不会或回答不完整	3～8分

考核时间：要求 20 分钟内完成。

（2）用磁力启动器控制三相电动机正反向运转

操作步骤：

① 在电力拖动教学实验台上参照图 8-5 布置元件。

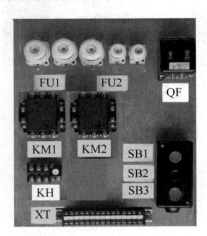

图 8-5　电力拖动教学实验台布置图（2）

② 按图 8-6 正确接线。

③ 口述题：怎样正确使用控制按钮？

答：控制按钮按用途和触点的结构不同分停止按钮（常闭按钮）、启动按钮（常开按钮）和复合按钮（常开和常闭组合按钮）。按钮的颜色有红、绿、黑等，一般红色表示"停止"，绿色表示"启动"。接线时红色按钮作"停止"用，绿色或黑色表示"启动"或"通电"。

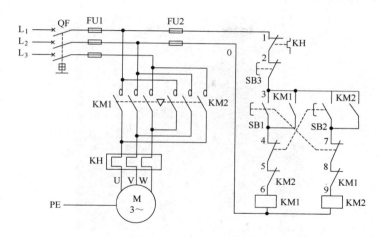

图 8-6　接触器、按钮双重联锁正反转控制线路图

④ 评分要求：接线准确，电动机能作正、反转及停止等操作。扣分标准见表 8-2。

表 8-2　学习任务八（2）扣分标准

序号	扣分项目	扣分数
1	主回路接错线	25分
2	主回路接线正确，控制回路接错线	20分
3	设备的金属外壳没有接地	3分
4	黄绿双色线用于主回路或控制回路	5分
5	口述怎样正确使用控制按钮，不会或回答不完整	3～8分

考核时间：要求 20 分钟内完成。

（3）三相异步电动机的降压启动控制线路

① 自耦变压器作三相电动机降压启动（手动）

操作步骤：

a. 在电力拖动教学实验台上按图 8-7（a）接线。手动自耦降压启动器内部结构如图 8-7（b）所示。

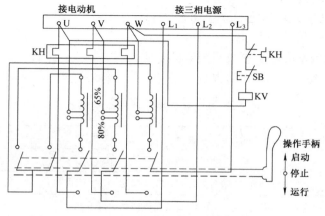

（a）　手动自耦降压启动器原理图

（b） 手动自耦降压启动器内部结构

图 8-7　手动自耦降压启动器

b. 口述题：电动机（低压）常用保护方式有哪几种？

答：一般有短路、过载、欠压、缺相保护。一般采用熔断器或自动开关的电磁瞬时脱扣器进行短路保护；采用热继电器进行过负荷保护；常利用交流接触器电磁机构、降压启动器或自动开关上的失压电磁机构进行失压和欠压保护；电动机在缺相时继续运行，电动机将烧坏，因此，常采用零序电压继电器、断丝电压保护及欠电流继电器保护。

c. 评分要求：接线准确，电机能降压起动和正常运转。扣分标准见表 8-3。

表 8-3　学习任务八（3）①扣分标准

序号	扣分项目	扣分数
1	接线错误	25分
2	设备的金属外壳没有接地	3分
3	黄绿双色线作为电源线或电动机的连接线	5分
4	口述电动机（低压）常用保护方式，不会或回答不完整	3～8分

考核时间：要求 20 分钟内完成。

② 三相电动机 Y-△降压启动（手动）。

操作步骤：

a. 在电力拖动教学实验台上参照图 8-8 接线。

b. 评分要求：接线正确，电机能启动运转。扣分标准见表 8-4。

表 8-4　学习任务八（3）②扣分标准

序号	扣分项目	扣分数
1	接线错误	25分
2	设备的金属外壳没有接地	3分
3	黄绿双色线作为电源线或连到电动机的连接线	5分
4	口述Y-△降压原理，不会或回答不完整	3～8分

考核时间：要求 20 分钟内完成

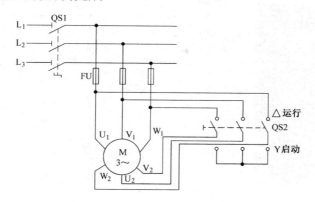

（a）　Y-△降压启动（手动）原理图

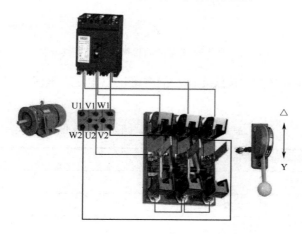

（b）　Y-△降压启动（手动）接线图

图 8-8　三相电动机 Y-△降压启动（手动）

（4）按控制线路图安装熔断器、接触器、热继电器、控制开关和仪表

操作步骤：

① 在电力拖动教学实验台上参照图 8-9（a）布置元件。

② 按图 8-9（b）正确接线。

③ 口述题：

a. 如何选配电流互感器？

答：根据线路电压等级选择电流互感器额定电压，低压电路选 500V 电流互感器，根据被测电路负荷电流选电流互感器的变流比。

b. 如何选择热继电器？

答：根据电动机的额定电流选择热继电器热元件的额定电流，热继电器额定电流大于电动机的额定电流，热继电器的整定电流值为电动机额定电流的 100%。

c. 如何选择交流接触器？

答：根据控制回路的电压选择接触器吸引线圈的电压，根据电动机的额定电流选择交流接触器的额定电流，一般接触器的额定电流应不小于电动机额定电流的 1.3 倍。

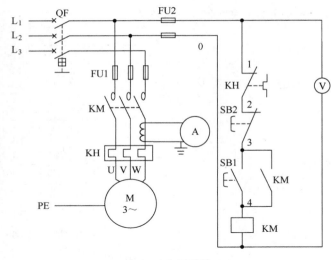

（a）布置图　　　　　　　　　　　　　　　　（b）原理图

图 8-9　具有过载保护的接触器自锁正转控制

④ 评分要求：能看懂图，接线正确，能准确读出电压、电流值，电机能正常运转扣分标准见表 8-5。

表 8-5　学习任务八（4）扣分标准

序号	扣分项目	扣分数
1	主回路接线错误	25分
2	主回路接线正确，控制回路接线错误	15分
3	电压表或电流表接线错误	5分
4	电流互感器二次末端没接地	3分
5	设备的金属外壳没接地	3分
6	黄绿双色线用于主回路或控制回路	5分
7	口述（1）如何选配电流互感器；（2）如何选择热继电器；（3）如何选择交流接触器，不会或回答不完整	3-8分

考核时间：要求 20 分钟内完成

3．写出在实训中碰到的问题和分析解决问题的方法

实训中碰到的问题：_____

_____

_____

解决的方法：_____

_____

_____

_____

_____

4．注意事项

（1）先由学生独立对电路进行静态检测无误后，再由教师通电试车，不能由学生单独通电试车；

（2）不得违反安全文明生产规程。

 知识要点

1．简述三相异步电动机的结构。

2．三相异步电动机的转子是如何转动起来的？

3．如何改变三相异步电动机的转向？

4．什么是降压启动？

5．简述自耦变压器降压启动原理。

6．在带电的电流互感器工作时，二次回路应注意什么？

7．试设计三相异步电动机的正反转双重联锁控制电路示意图，并说明其工作原理。

8．试设计点动的双重联锁正反转控制线路。

9. 试设计一个接于市电的机床电路，主轴只有一个转向，要求：要有点动和连续控制。

10. 试设计一个控制线路，实现手动 Y-△ 降压起动。并说明启动电流、启动电压、启动转矩与直接启动时相比有何区别？

综合评定

1. 自我评价

（1）本节课我学会和理解了：

（2）我最大的收获是：

（3）我的课堂体会是：快乐（   ）、沉闷（   ）

（4）学习工作页是否填写完毕？是（   ）、否（   ）

（5）工作过程中能否与他人互帮互助？能（   ）、否（   ）

2. 小组评价

（1）学习页是否填写完毕？

评价情况：是（   ）、否（   ）

（2）学习页是否填写正确？

错误个数：1（   ）2（   ）3（   ）4（   ）5（   ）6（   ）7（   ）8（   ）

（3）工作过程当中有无危险动作和行为？

评价情况：有（   ）、无（   ）

（4）能否主动与同组内其他成员积极沟通，并协助其他成员共同完成学习任务？

评价情况：能（   ）、不能（   ）

（5）能否主动执行作业现场 6S 要求？

评价情况：能（　　）、不能（　　）

3．教师评价

综合考核评比表如表8-6所示。

表8-6　学习任务八综合考核评比表

序号	考核内容	评分标准	配分	自我评价 0.1	小组评价 0.3	教师评价 0.6	得分
1	任务完成情况	三相电动机的启动、运转及点动	10分				
		用磁力启动器控制三相电动机正反向运转	10分				
		自耦变压器作三相电动机降压启动（手动）	10分				
		三相电动机星Y-△降压启动（手动）	10分				
		按控制线路图安装熔断器、接触器、热继电器、控制开关和仪表	10分				
2	责任心与主动性	若丢失或故意损坏实训物品，全组得0分，不得参加下一次实训学习	10分				
		主动完成课堂作业，完成作业的质量高，主动回答问题	10分				
3	团队合作与沟通	团队沟通，团队协作，团队完成作业质量	10分				
4	课堂表现	上课表现（上课睡觉，玩手机，或其他违纪行为等）一次全组扣5分	10分				
5	职业素养（6S标准执行情况）	无安全事故和危险操作，工作台面整洁，仪器设备的使用规范合理	10分				
6	总分						

获得等级：90分以上（　　）☆☆☆☆☆　　　积5分

75～90分（　　）☆☆☆☆　　　积4分

60～75分（　　）☆☆☆　　　积3分

60分以下（　　）　　　积0分

50分以下（　　）　　　积-1分

注：学生每完成一个任务可获得相应的积分，获得90分以上的学生可评为项目之星。

教师签名：＿＿＿＿＿＿＿

日期　　　年　　月　　日

8.2 学习页

 学习目标

1. 三相异步电动机的工作原理

（1）三相异步电动机的结构
（2）三相异步电动机的工作原理

2. 常用电力拖动线路的安装和调试

（1）用按钮及交流接触器控制的三相电动机的启动、运转及点动
（2）用磁力起动器控制三相电动机正反向运转
（3）用自耦变压器作三相电动机降压启动
（4）三相电动机的 Y-△形降压启动

 相关知识

1. 三相异步电动机工作原理

（1）电动机结构
　　三相异步电动机主要由定子和转子两大部分组成，它们之间有空气隙。图 8-10 所示是一台三相异步电动机的组成部件。

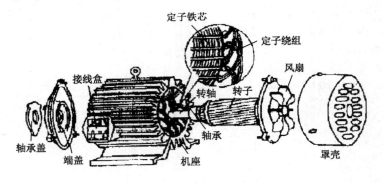

图 8-10 电动机结构

　　定子主要由外壳、定子铁芯、定子绕组等部分组成。而外壳包括机座、端盖、轴承盖、接线盒等部件。
　　转子是电动机的旋转部分，由转子铁芯、转子绕组、转轴、风扇等组成。

（2）工作原理

下面以两极电动机为例说明感生电流的产生。如图 8-11 所示，假定转子开始时是静止的，当电动机定子对称三相绕组通入对称三相电源时，电动机内部就产生一个顺时针方向的旋转磁场（若对调电动机三相电源线中的任意两相接线，三个电流相量的相序是逆时针的，由此产生的旋转磁场也将逆时针旋转）。设某瞬间的电流及两极磁场如图 8-11 所示，并以异步转速顺时针旋转。由于转子导体与旋转磁场间的相对运动而在转子导体中产生感应电动势。转子导体逆时针方向切割磁力线，感应电动势的方向可用右手定则来判定。因为转子绕组是闭合的，所以会产生与感应电动势同方向的感应电流。这样，上半部转子导体的电流是从纸面流出来的，下半部则是流进去的。

由于通电导体在磁场中要受到电磁力作用，故载有感应电流的转子导体与旋转磁场相互作用便产生电磁力 F，其方向可用左手定则判断。此力对转轴形成一个与旋转磁场同向的电磁转矩，使得转子沿着旋转磁场的方向以 n 的转速旋转起来。

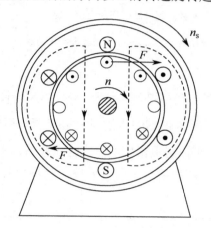

图 8-11　三相异步电动机的转动原理

2．常用电力拖动线路

（1）用按钮及交流接触器控制三相电动机的启动、运转及点动

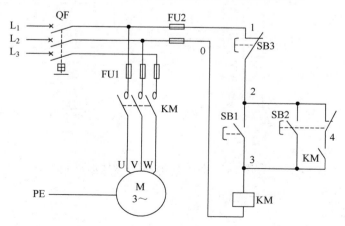

图 8-12　连续与点动混合正转控制线路图

如图 8-12 所示，在启动按钮 SB1 两端并接一个复合按钮 SB2，来实现连续与点动混合正转控制。同时，SB2 的常闭触点与 KM 自锁触点串接。

工作原理：需先合上电源开关 QF。

① 连续控制：

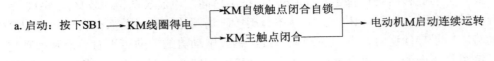

a. 启动：按下SB1 → KM线圈得电 → KM自锁触点闭合自锁 / KM主触点闭合 → 电动机M启动连续运转

b. 停止：按下SB3 → KM线圈失电 → KM自锁触点分断，解除自锁 / KM主触点分断 → 电动机M失电停转

② 点动控制：

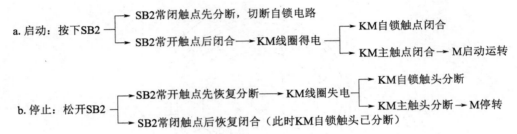

a. 启动：按下SB2 → SB2常闭触点先分断，切断自锁电路 / SB2常开触点后闭合 → KM线圈得电 → KM自锁触点闭合 / KM主触点闭合 → M启动运转

b. 停止：松开SB2 → SB2常开触点先恢复分断 → KM线圈失电 → KM自锁触头分断 / KM主触头分断 → M停转 / SB2常闭触点后恢复闭合（此时KM自锁触头已分断）

③ 停止：按下 SB3，整个控制电路失电，主触点分断，电动机 M 失电停转。

（2）用磁力启动器控制三相电动机正反向运转（图 8-13）

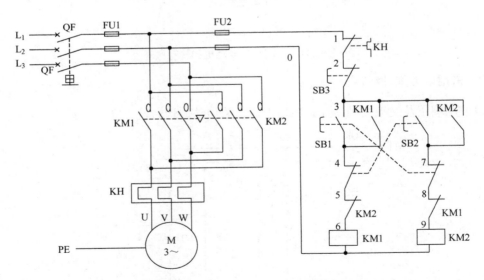

图 8-13 接触器、按钮双重联锁正反转控制线路图

工作原理：需先合上电源开关 QF。

① 正转控制：

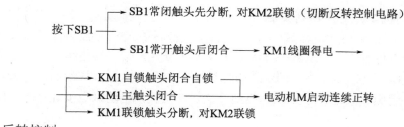

按下SB1 —→ SB1常闭触头先分断, 对KM2联锁（切断反转控制电路）
—→ SB1常开触头后闭合 —→ KM1线圈得电 —→

—→ KM1自锁触头闭合自锁
—→ KM1主触头闭合 —→ 电动机M启动连续正转
—→ KM1联锁触头分断, 对KM2联锁

② 反转控制:

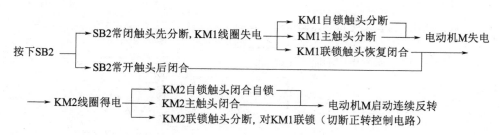

按下SB2 —→ SB2常闭触头先分断, KM1线圈失电 —→ KM1自锁触头分断
—→ KM1主触头分断 —→ 电动机M失电
—→ KM1联锁触头恢复闭合
—→ SB2常开触头后闭合

—→ KM2线圈得电 —→ KM2自锁触头闭合自锁
—→ KM2主触头闭合 —→ 电动机M启动连续反转
—→ KM2联锁触头分断, 对KM1联锁（切断正转控制电路）

③ 停止: 按下 SB3, 整个控制电路失电, 主触点分断, 电动机 M 失电停转。

（3）三相异步电动机的降压启动控制线路

降压启动是指利用启动设备将电压适当降低后, 加到电动机的定子绕组上进行启动, 待电动机启动运转后, 再使其电压恢复到额定电压正常运转。

① 自耦变压器作三相电动机降压启动（手动）。自耦变压器降压启动是指电动机启动时利用自耦变压器来降低加在电动机定子绕组上的启动电压。待电动机启动后, 再使电动机与自耦变压器脱离, 从而使电动机在全压下正常运转。

启动器工作原理: 如图 8-14 所示, 当操作手柄扳到"停止"位置时, 所有的动、静触点均断开, 电动机处于断电停止状态; 当操作手柄向前推到"启动"位置时, 启动触点和中性触点同时闭合, 三相电源经启动触点接入自耦变压器 TM, 又经自耦变压器的三个抽头接入电动机进行降压启动, 中性触点则把自耦变压器接成 Y 形; 当电动机的转速上升到一定值后, 将操作手柄迅速扳到"运行"位置, 启动触点和中性触点先同时断开, 运行触点随后闭合, 这时自耦变压器脱离, 电动机与三相电源 L1、L2、L3 直接相接全压运行。停止时, 按下 SB 即可实现。

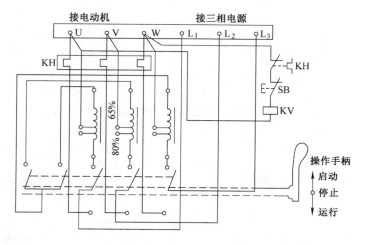

图 8-14　手动自耦降压启动器

② 三相电动机 Y-△降压启动（手动）。

工作原理：如图 8-15 所示，启动时，先合上电源开关 QS1，然后把开启式负荷开关 QS2 扳到"启动"位置，电动机定子绕组便接成 Y 形降压启动，每相绕组的启动电压降为 △形连接的 $1/\sqrt{3}$，启动电流降为△形连接的 1/3，启动转矩也降为△形连接的 1/3；当电动机转速上升并接近额定值时，再将 QS2 扳到"运行"位置，电动机定子绕组改接成△形全压正常运转。

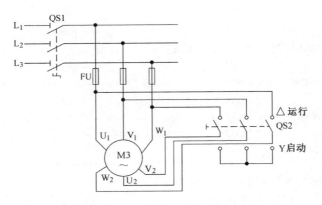

图 8-15　手动控制 Y-△降压启动线路图

注意：Y-△降压启动只适用于轻载或空载下启动。正常运行时定子绕组为△接法的电动机可采用该降压启动方法。

（4）按控制线路图 8-16 安装熔断器、接触器、热继电器、控制开关和仪表

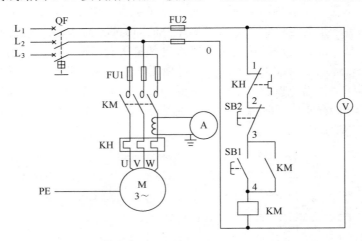

图 8-16　具有过载保护的接触器自锁正转控制线路图

工作原理：

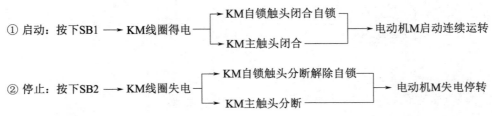

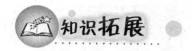

异步电动机的转差率

异步电动机转子导体上的电流是感应产生的，所以异步电动机又称为感应电动机。如果转子转速达到旋转磁场的转速，则两者之间相对静止，转子与旋转磁场间就没有相对运动，转子导体就无切割磁力线运动，也就不会产生感应电势和感应电流，当然也不会产生电磁转矩使转子转动了。所以感应电动机的转速 n 总是小于旋转磁场的转速 n_s，异步电动机因此得名，n_s 又称为同步转速。

同步转速与转子转速之间存在着转速差 n_s-n，通常将这个转速差与同步转速 n_s 之比称为转差率，用 s 表示：

$$s = \frac{n_s - n}{n_s}$$

$$n = n_s(1-s)$$

转差率是反映异步电动机运行情况的一个重要参数，在运行状态下电动机转差率的变化范围为 $0 < s \leqslant 1$。再看下面三个特定的工作点：

（1）当异步电动机接通电源启动瞬间，$n=0$，$s=1$，转子切割相对速度最大，感应电动势、电流最大；反映在定子上，电动机的启动电流也很大，可达到 4～7 倍额定电流。

（2）异步电动机的空载阻力很小，转速很高，$n \approx n_s$，s 很小，一般在 0.005 左右，转子感应电动势、电流也很小；电动机的空载电流也较小，一般约为 0.3～0.5 倍额定电流。

（3）异步电动机在额定运行时的额定转差率 S_n 一般在 0.01～0.07 之间，通常为 0.05 左右。

学习任务九

电气防火、防爆以及防雷

9.1 任务页

 学习任务描述

1. 提出任务

雷电是一种具有极强破坏力的自然现象，给人类生活带来很大的不良影响。雷电流对电气、电子系统的破坏性很大，可能造成火灾、供电中断、数据丢失、生产停顿。

2. 引导任务

雷电可以通过电话线、电线等进入室内，引起火灾，如图9-1所示。当电气设备发生火灾时，我们又该用什么正确的方法来灭火？雷电对人类的危害那么大，我们又该如何来防雷？

图9-1 雷电通过电话线进入室内示意图

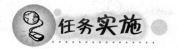任务实施

1．实施步骤

（1）教学组织

教学组织流程如图 9-2 所示。

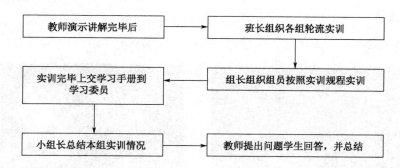

图 9-2　教学组织流程图（学习任务九）

教师讲解完毕，让小组组长分列站好，听到老师指令后按照老师演示的动作规范操作。分组实训：每 2 人一组，每组小组长一名。

① 教师示范讲解。

a. 示范电工安全用具的正确使用方法。

b. 示范要求：

● 教师操作要规范，速度要慢；

● 边操作、边讲解介绍，观察学生反应；

● 必要的话要多次示范，让学生参与。

② 学生操作。

学生两人一组完成课题任务。

③ 巡回指导。

a. 单独指导。对个别学生在实习中存在的问题，给予单独指导。

b. 集中指导。对学生在实习中普遍存在的问题，采取集中指导，解决问题。

c. 巡回指导的注意事项：

● 实习操作规范、熟练程度等；

● 答疑和指导操作。

④ 实训完毕上交学习手册到学习委员。

⑤ 小组长总结，教师提问并总结。

（2）必要器材/必要工具

① 多媒体课室 1 间。

② 灭火器若干。

③ 避雷器 1 个。

④ 常用电工工具 1 套。

⑤ 导线若干。

（3）任务要求

① 掌握防爆白炽灯的线路安装；

② 掌握防爆日光灯的线路安装；

③ 掌握灭火器材的使用；

④ 掌握阀型避雷器的安装；

⑤ 整个操作过程规范正确，安全文明。

2. 实习课题

（1）正确安装带有防爆接线盒的防爆白炽灯，如图 9-3 所示。

（a）防爆开关

（b）防爆灯具

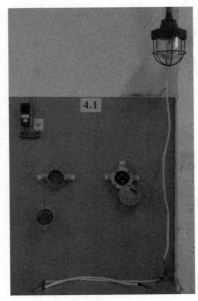

（c）布置图

图 9-3　有防爆接线盒的防爆白炽灯

（2）正确安装带有防爆接线盒的防爆日光灯，如图9-4所示。

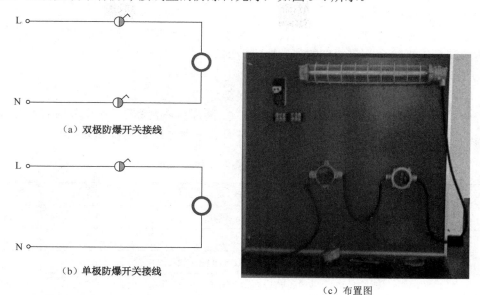

（a）双极防爆开关接线

（b）单极防爆开关接线

（c）布置图

图9-4　有防爆接线盒的防爆日光灯

（3）了解电气起火原因、灭火器材的选择及灭火方法。

灭火器材如图9-5所示。

（4）正确使用阀型避雷器。

阀型避雷器外形如图9-6所示。

图9-5　灭火器材

图9-6　阀型避雷器

实训训练步骤和操作要领

1．（1）口述：（应知）在什么样的场所需采用防爆灯具？这些场所是怎样划分的？

答：① 在易燃易爆场所。

　　② 气体、蒸汽爆炸危险场所分为0区、1区和2区；粉尘、纤维爆炸危险场所分

为 10 区和 11 区；火灾危险场所分为 21 区、22 区和 23 区。

（2）操作（应会）

线路采用单相三线制，用三芯电缆从电源引线，经双极防爆开关、防爆接线盒、防爆灯。防爆开关、接线盒、防爆灯的外壳要接地保护。

（3）扣分标准

名称：正确安装带有防爆接线盒的防爆白炽灯。

评分原则：能够用电缆连接电源，防爆开关、防爆接线盒和防爆灯，扣分标准见表 9-1。

口述题：在什么样的场所需采用防爆工灯具？这些场所是怎样划分的？

表 9-1　学习任务九-1 扣分标准

序号	扣分项目	扣分数
1	线路采用绝缘导线明敷	15分
2	接线错误	15分
3	进出线未经开关盒、接线盒的进出线孔	10分
4	设备的接线地标志没有接地线	3分
5	口述不会或回答不完整	3～5分

考核时间：要求 20 分钟内完成

2.（1）口述：（应知）在爆炸危险场所的电气线路有什么特殊要求？

应采用三相五线制和单相三线制，线路采用钢管配线或电缆敷设，不能明敷绝缘导线。导线中间有接头时，必须在相应的防爆接线盒内连接和分路，并装设不同形式的隔离密封。

（2）操作（应会）

线路采用单相三线制，用三芯电缆从电源引线，经双极防爆开关、防爆接线盒、防爆灯。防爆开关、接线盒、防爆灯的外壳要接地保护。

（3）扣分标准

名称：正确安装带有防爆接线盒的防爆日光灯。

评分原则：能够正确安装防爆日光灯，扣分标准见表 9-20。

口述题：在爆炸危险场所的电气线路有什么特殊要求？

表 9-2　学习任务九-2 扣分标准

序号	扣分项目	扣分数
1	线路采用绝缘导线明敷	15分
2	接线错误	15分
3	进出线未经开关盒、接线盒的进出线孔	10分
4	设备的接线地标志没有接接地线	3分
5	口述不会或回答不完整	3～5分

考核时间：要求 20 分钟内完成。

3.（1）口述题（应知）电气起火的灭火方法是什么？

① 断电灭火。电力线路或电气设备发生火灾后，首先应设法切断电源，然后组织扑救。

在切断电源时，应注意以下几点：

a. 火灾发生后，由于受潮或烟熏，开关设备绝缘强度降低。因此，拉闸时应使用适当的绝缘工具操作。

b. 有配电室的单位，可先断开主断路器；无配电室的单位，先断开负载断路器，然后再拉开隔离开关。

c. 切断用磁力起动器启动的电气设备时，应先按"停止"按钮，然后再拉开隔离开关。

d. 切断电源的地点要选择恰当，防止切断电源后影响火灾的扑救。

e. 剪断电线时，应穿戴绝缘靴和绝缘手套，用绝缘胶柄钳等绝缘工具将电线剪断。不同相电线应在不同部位剪断，以免造成线路短路。剪断空中电线时，剪断的位置应选择在电源方向的支持物上，防止电线剪断后落地造成短路或触电伤人事故。

f. 如果线路上带有负载时，应先切除负载，再切断失火现场电源。

② 带电灭火。在不得已需要带电灭火时，应注意以下几点：

a. 选用适当的灭火器。应选用不导电的灭火剂如 IG541、七氟丙烷、二氧化碳、哈龙或干粉灭火剂等进行灭火。

b. 可用水进行带电灭火。但因水能导电，必须采取适当安全措施后才能进行灭火。灭火人员在穿戴绝缘手套和绝缘靴，水枪喷嘴安装接地线情况下，可使用喷雾水枪灭火。

c. 对架空线路等空中设备灭火时，人体位置与带电体之间仰角不应超过45°，以免导线断落伤人。

d. 如遇带电导线断落地面，应划出警戒区，防止跨入。扑救人员需要进入灭火时，必须穿上绝缘靴。

e. 在带电灭火过程中，人应避免与水流接触，防止地面水渍导电引起触电事故。

f. 灭火时，灭火器和带电体之间应保持足够的安全距离。

③ 电力电缆火灾的扑救

a. 电缆着火燃烧时，应立即切断起火电缆的电源。当敷设在沟中的电缆发生燃烧时，与其并排敷设的电缆若有燃烧的可能，也应切断其电源。

b. 当电缆间隔小而电缆布置稠密的电缆沟发生火灾时，应将电缆沟的隔火门关闭或将两端堵死，采用窒息法进行扑救。

c. 电缆沟里的电缆发生火灾时，扑救人员应尽可能戴上防毒面具及橡皮手套，并穿绝缘靴。

d. 禁止用手直接接触电缆钢甲，也不准移动电缆。

e. 扑救电力电缆火灾时，可采用干粉灭火器、1211 灭火器、二氧化碳灭火器或喷雾枪灭火，也可用黄土和干沙进行覆盖灭火。

④ 电动机火灾的扑救。

在扑救可旋动电动机火灾时，为防止设备的轴和轴承变形，可令其慢慢转动，用喷雾水灭火，并使其均匀冷却。也可用其他适当的灭火器扑灭，但不宜用干粉、沙子、泥土灭火，以免增加修复的困难。

⑤ 电力变压器火灾的扑救。

a. 变压器起火后，应立即切断变压器各侧断路器，并向值班长和有关领导报告。迅速组织人员到现场扑救；同时赶快打火警电话，请消防人员尽快赶到现场进行扑救。

b. 若变压器油溢在变压器顶盖上着火，应设法打开变压器下部的放油阀，使油流入蓄油坑内。同时要防止着火油料流入电缆沟内。

c. 当火势继续蔓延扩大，可能波及其他设备时，应采取适当的隔离措施，必要时可用砂土堵挡油火，并设法切断此类设备的电源。

d. 对起火的变压器应使用干粉灭火器、1211 灭火器、推车式泡沫灭火器或喷雾水枪进行灭火。在不得已的情况下，可用砂子覆盖灭火。严禁带电使用泡沫灭火器灭火，以防触电伤人。

⑥ 扣分标准。

名称：电气起火、灭火器材的选择及灭火方法

评分原则：能够口述电气起火的扑灭方法和识别灭火器材，扣分标准见表 9-3。

口述题：电气起火的灭火方法。

表 9-3 学习任务九-3 扣分标准

序号	扣分项目	扣分数
1	口述题电气起火的灭火方法不会或不完整	3～10分
2	口述题带电灭火的安全要求不会或不完整	3～10分
3	灭火器不会识别或选择不正确	10分
4	灭火器不会操作或操作不正确	15分

考核时间：要求 20 分钟内完成。

4. 口述：（应知）安装阀型避雷器要注意什么？

答：阀型避雷器安装的注意事项如下：

（1）阀型避雷器的安装，应便于巡视检查，应垂直安装不得倾斜，引线要连接牢固，避雷器上接线端子不得受力；

（2）阀型避雷器的瓷套应无裂纹，密封良好，经预防性试验合格；

（3）阀型避雷器安装位置与被保护设备的距离应尽量靠近。避雷器与 3～10kV 变压器的最大电气距离，雷雨季经常运行的单路进线的不大于 15m，双路进线的不大于 23m，三路进线的不大于 27m，若大于上述距离时应在母线上增设阀型避雷器。

（4）为防止阀型避雷器正常运行或雷击后发生故障，影响电力系统正常运行，其安装位置可以处于跌开式熔断器保护范围之内。

（5）阀型避雷器的引线截面积不应小于：铜线为 6mm^2；铝线为 25mm^2。

（6）阀型避雷器接地引下线与被保护设备的金属外壳应为靠地与接地网连接。线路上单组阀型避雷器，其接地装置的接地电阻不大于 5Ω。

（7）扣分标准。

名称：正确安装阀型避雷器。

评分要求：阀型避雷器安装要垂直于地面。

口述题：安装阀型避雷器要注意什么？

表 9-4 学习任务九-4 扣分标准

序号	扣分项目	扣分数
1	阀型避雷器上下端反接	15分
2	口述题不会或回答不完整	3～10分

考核时间：要求 20 分钟内完成。

3．写出在实训中碰到的问题和分析解决问题的方法

实训中碰到的问题：_____

_____

_____

_____

解决的方法：_____

_____

_____

_____

_____

4．注意事项

（1）严格并熟练执行电工安全用具操作步骤；
（2）不得违反安全文明生产规程。

知识要点

一、填空题

1．_____ 危险环境、_____危险环境、_____危险环境。

2．按照使用环境，防爆电气设备分成_____ 和_____两类。

3．静电放电的放电火花可能引起_____和_____。

4．发生火灾和爆炸必须具备_____和_____两个条件。

5．充油电气设备的油在设备外部起火，可用灭火器_____ 带电灭火。

6．雷电具有_____、_____ 和_____等三方面的破坏作用。

二、问答题

1．简述爆炸和火灾危险场所的分类。

_____

_____

_____

2．引发电气爆炸和火灾的原因有哪些？

_____

_____

3. 电气灭火应注意哪些安全事项？

_____

_____

_____

4. 简述避雷针的工作原理。

_____

_____

_____

5. 雷雨时要注意什么？

_____

_____

_____

综合评定

1. 自我评价

（1）本节课我学会和理解了：

_____

_____

（2）我最大的收获是：

_____

_____

（3）我的课堂体会是：快乐（　）、沉闷（　）

（4）学习工作页是否填写完毕？是（　）、否（　）

（5）工作过程中能否与他人互帮互助？能（　）、否（　）

2. 小组评价

（1）学习页是否填写完毕？

评价情况：是（　）、否（　）

（2）学习页是否填写正确？

错误个数：1（　）2（　）3（　）4（　）5（　）6（　）7（　）8（　）

（3）工作过程当中有无危险动作和行为？

评价情况：有（　）、无（　）

（4）能否主动与同组内其他成员积极沟通并协助其他成员共同完成学习任务？

评价情况：能（　）、不能（　）

（5）能否主动执行作业现场 6S 要求？

评价情况：能（　　）、不能（　　）

3．教师评价

综合考核评比表如表 9-5 所示。

表 9-5　学习任务九综合考核评比表

序号	考核内容	评分标准	配分	自我评价 0.1	小组评价 0.3	教师评价 0.6	得分
1	任务完成情况	正确安装带有防爆接线盒的防爆白炽灯	15分				
		正确安装带有防爆接线盒的防爆日光灯	15分				
		电气起火的原因，灭火器材的选择及灭火方法	10分				
		正确使用阀型避雷器	10分				
2	责任心与主动性	若丢失或故意损坏实训物品，全组得0分，不得参加下一次实训学习	10分				
		主动完成课堂作业，完成作业的质量高，主动回答问题	10分				
3	团队合作与沟通	团队沟通，团队协作，团队完成作业质量	10分				
4	课堂表现	上课表现（上课睡觉，玩手机，或其他违纪行为等）一次全组扣5分	10分				
5	职业素养（6S标准执行情况）	无安全事故和危险操作，工作台面整洁，仪器设备的使用规范合理	10分				
6	总分						

获得等级：90分以上（　　）☆☆☆☆☆　　积5分

　　　　　75～90分（　　）☆☆☆☆　　积4分

　　　　　60～75分（　　）☆☆☆　　积3分

　　　　　60分以下（　　）　　积0分

　　　　　50分以下（　　）　　积-1分

注：学生每完成一个任务可获得相应的积分，获得90分以上的学生可评为项目之星。

教师签名：＿＿＿＿＿＿

日期　　　年　　月　　日

9.2 学习页

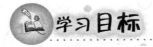 学习目标

第一节　电气爆炸和火灾危险场所的分类

1. 危险物质
2. 危险环境
3. 电气火灾和爆炸产生的原因
4. 电气防火与防爆的措施
5. 电气灭火常识
6. 电气火灾的紧急处理

第二节　雷电的危害及防护

1. 雷电种类及危害
2. 防雷措施
3. 对接地装置的使用要求
4. 防雷常识及防雷装置的使用

 相关知识

第一节　电气爆炸和火灾危险场所的分类

1. 危险物质

（1）分类（按爆炸性物质种类分类）
爆炸性物质分如下三类：
Ⅰ类：矿井甲烷（CH_4）
Ⅱ类：爆炸性气体、蒸汽
Ⅲ类：爆炸性粉尘、纤维

2. 危险环境

（1）气体、蒸汽爆炸危险环境
根据爆炸性气体混合物出现的频繁程度和持续时间，对危险环境分成三个区，分为 0 区、1 区、2 区。
　0 区——正常运行时连续或长时间出现或短时间频繁出现爆炸性气体、蒸汽或薄雾的

区域。例如：油罐内部液面上部空间。

1 区——正常运行时可能出现（预计周期性出现或偶然出现）爆炸性气体、蒸汽或薄雾的区域。例如：油罐顶上呼吸阀附近。

2 区——正常运行时不出现，即使出现也只可能是短时间偶然出现爆炸性气体、蒸汽或薄雾的区域。例如：油罐外 3m 内。

（2）粉尘、纤维爆炸危险环境

粉尘、纤维爆炸危险区域——指生产设备周围环境中，悬浮粉尘、纤维量足以引起爆炸；以及在电气设备表面会形成堆积状粉尘、纤维，从而可能形成自燃或爆炸的环境。

根据爆炸性粉尘混合物出现的频繁程度和持续时间，将此类危险环境划分为 10 区和 11 区。

（3）火灾危险环境

火灾危险环境应根据火灾事故发生的可能性和后果，以及危险程序及物质状态不同，按下列规定分为 21 区、22 区和 23 区。

21 区——具有闪点高于环境温度的可燃液体，在数量和配置上能引起火灾危险的环境。

22 区——具有悬浮状、堆积状的可燃粉尘或纤维，虽不可能形成爆炸混合物，但在数量和配置上能引起火灾危险的环境。

23 区——具有固体状可燃物质，在数量和配置上能引起火灾危险的环境。

（4）防爆电气设备类型

按照使用环境，防爆电气设备分成两类：

Ⅰ类——煤矿井下用电气设备；Ⅱ类——工厂用电气设备

3．电气火灾和爆炸产生的原因

（1）电气线路和设备过热

由于短路、过载、铁损过大、接触不良、机械摩擦、通风散热条件恶化等原因都会使电气线路和电气设备整体或局部温度升高，从而引爆易爆物质或引燃易燃物质，而发生电气爆炸和火灾。

（2）电火花和电弧

一般电火花的温度都很高，特别是电弧，温度可高达 3000～6000℃。因此，电火花和电弧不仅能引起可燃物燃烧，还能使金属熔化、飞溅，形成危险的火源。在有爆炸危险的环境，电火花和电弧更是引起火灾和爆炸的一个十分危险的因素。

（3）静电放电

静电放电的放电火花可能引起火灾和爆炸，如皮带与皮带轮间、传送带与物料间互相摩擦产生的静电火花，都可能引起火灾和爆炸。

（4）电热设备（电烙铁、电烫斗、电焊机等）使用不当

电热和照明设备附近若堆放易燃易爆物品，使用后如果忘记切断电源等均可形成火灾。

4．电气防火与防爆的措施

发生火灾和爆炸必须具备两个条件：一是环境中存在有足够数量和浓度的易燃易爆物质；二是要有引燃或引爆的能源。前者又称为危险源，如煤气、石油气、各种可燃粉尘和

纤维等；后者又称为火源，如明火、电火花、电弧和高温物体等。因此，电气防火防爆措施应着力于排除上述危险源和火源。

（1）排除易燃易爆物质

① 保持良好通风，加速空气流通与交换；

② 加强密封，减少易燃易爆物质的来源。

（2）排除电气火源

① 正常运行时能产生火花、电弧和危险高温气体的非防爆电气装置，应安装在危险场所之外；

② 在危险场所，应根据危险场所的级别，合理选用电气设备的类型，并严格按规范安装和使用；

③ 危险场所线路的敷设布置及电压，应符合防火防爆要求。

（3）在土建方面的防火防爆措施

① 采用耐火材料建筑；

② 充油设备间应保持防火距离；

③ 装设储油和排油设施，以阻止火势蔓延；

④ 电工建筑和设施应尽量远离危险场所。

（4）消除和防止静电火花的产生

① 用工艺控制法控制静电的产生；

② 利用静电接地、增湿、静电中和器、静电屏蔽和添加抗静电添加剂等方法，防止静电荷的积累。

5. 电气灭火常识

（1）电气设备或电气线路发生火灾，如果没有及时切断电源，扑救人员身体或所持器械可能接触带电部分而造成触电事故。

（2）使用导电的火灾剂，如水枪射出的直流水柱、泡沫灭火器射出的泡沫等射至带电部分，也可能造成触电事故。

（3）火灾发生后，电气设备可能因绝缘损坏而碰壳短路；电气线路可能因电线断落而接地短路，使正常时不带电的金属构架、地面等部位带电，也可能导致接触电压或跨步电压。因此，发现起火后，首先要设法切断电源！

切断电源应注意以下几点：

① 火灾发生后，由于受潮和烟熏，开关设备绝缘能力降低，因此，拉闸时最好用绝缘工具操作。

② 高压应先操作断路器而不应该先操作隔离开关切断电源，低压应先操作电磁启动器而不应该先操作刀开关切断电源，以免引起弧光短路。

③ 切断电源的地点要选择适当，防止切断电源后影响灭火工作。

带电灭火安全要求如下：

（1）应按现场特点选择适当的灭火器。二氧化碳灭火器、干粉灭火器的灭火剂都是不导电的，可用于带电灭火。

泡沫灭火器的灭火剂（水溶液）不宜用于带电灭火（因其有一定的导电性，而且对电气设备的绝缘有影响）。

（2）用水枪灭火时宜采用喷雾水枪，这种水枪流过水柱的泄漏电流小，带电灭火比较安全。

用普通直流水枪灭火时，为防止通过水柱的泄漏电流通过人体，可以将水枪喷嘴接地；也可以让灭火人员穿戴绝缘手套、绝缘靴或穿戴绝缘服操作。

充油电气设备的灭火方法如下：

充油电气设备的油在设备外部起火，可用二氧化碳、干粉灭火器带电灭火。如火势较大，应切断电源，并可用水灭火。

如油箱破损，喷油燃烧，火势很大时，除切断电源外，有事故储油坑的应设法将油放进储油坑，坑内和地面上的油火可用泡沫扑灭。

要防止燃烧着的油流入电缆沟而顺沟蔓延，电缆沟内的油火只能用泡沫灭火剂覆盖扑灭。

表9-6列出了常用电气灭火器的主要性能及使用方法。

表9-6　常用电气灭火器的主要性能及使用方法

种　类	二氧化碳灭火器	干粉灭火器	"1211"灭火器
规　格	2kg、2～3kg、5～7kg	8kg、50kg	1kg、2kg、3kg
药　剂	瓶内装有液态二氧化碳	筒内装有钾或钠盐干粉，并备有盛装压缩空气的小钢瓶	筒内装有二氟一氯一溴甲烷，并充填压缩氮
用　途	不导电。可扑救电气、精密仪器、油类、酸类火灾。不能用于钾、钠、镁、铝等物质火灾	不导电。可扑救电气、石油（产品）、油漆、有机溶剂、天然气等火灾	不导电。可扑救电气、油类、化工化纤原料等初起火灾
功　效	接近着火地点，保护3m距离	8kg喷射时间14～18s，射程4.5m；50kg喷射时间14～18s，射程6～8m	喷射时间6～8s，射程2～3m
使用方法	一手拿喇叭筒对准火源，另一手打开开关	提起圈环，干粉即可喷出	拔下铅封或横锁，用力压下压把

6．电气火灾的紧急处理

（1）立即切断电源，切断电源时应有选择，尽量局部断电，同时注意安全，防止触电。

（2）无法切断电源时，应用不导电的灭火剂灭火，不要用水及泡沫灭火剂灭火。

（3）迅速拨打119以及相关电力部门报警电话。

注意，在救火过程中，灭火人员应占据合理的位置，与带电部位保持安全距离，以防止发生触电事故或其他事故。

第二节　雷电的危害及防护

1．雷电的种类及危害

雷电是一种自然现象。

（1）雷电的种类

① 直击雷。带电积云与地面目标之间的强烈放电称为直击雷。

② 感应雷。感应雷也称为雷电感应或感应过电压。它分为静电感应雷和电磁感应雷两种。

（2）雷电的危害

雷电具有电性质、热性质和机械性质等三方面的破坏作用。雷击会产生极高的过电压（数千 kV 至数万 kV）和极大的过电流（数十 kA 至数百 kA），从而造成设施或设备的毁坏。雷电可能造成大规模停电，可能造成火灾或爆炸，还可能直接伤及人身。有关资料表明，全球平均每年因雷电灾害死亡人数超过 3000 人，直接损失约 80 亿美元。

2．防雷措施

（1）直击雷防护措施

第一类防雷建筑物、第二类防雷建筑物和第三类防雷建筑物的易受雷击部位，应采取防直击雷的防护措施；可能遭受雷击，且一旦遭受雷击后果比较严重的设施或堆料（如装卸油台、露天油罐、露天储气罐等），也应采取防直击雷的措施；高压架空电力线路、发电厂和变电站等，也应采取防直击雷的措施。

直击雷防护的主要措施——装设避雷针、避雷线、避雷网、避雷带。

（2）感应雷防护措施

① 静电感应防护措施——为了防止静电感应产生的高电压，应将建筑物内的金属设备、金属管道、金属构架、钢屋架、钢窗、电缆金属外皮，以及突出屋面的放散管、风管等金属物件与防雷电感应的接地装置相连。

② 电磁感应防护措施——为了防止电磁感应，平行敷设的管道、构架、电缆相距不到 100 mm 时，须用金属线跨接，跨接点之间的距离不应超过 30 m；交叉相距不到 100 mm 时，交叉处也应用金属线跨接。

（3）雷电冲击波防护措施

属于雷电冲击波造成的雷害事故很多。在低压系统中，这种事故占总雷害事故的 70 % 以上。

措施:（以第一类防雷建筑物的供电线路要求为例，严于第二、三类）

全长采用直埋电缆，入户处电缆金属外皮、钢管与防雷电感应接地装置相连。

3．对接地装置的使用要求

接地装置是由接地体和接地线组成的整体。接地体是埋入地中并直接与大地土壤接触的金属导体；接地线是将电气设备需要接地的部分与接地体连接起来的金属导线。

（1）可靠的电气连接；

（2）足够的机械强度；

（3）足够的导电能力和热稳定性；

（4）明显的颜色标志；

（5）良好的防腐蚀性；

（6）接地体与建筑物的距离应不小于 1.5m，与独立避雷针的接地体之间的距离应不小于 3 米，接地体的上端埋入深度应不小于 600mm，并在冻土层以下；

（7）接地支线不得串联。

4．防雷常识及防雷装置的使用方法

（1）防雷常识

① 有雷雨时，不能站在孤立的大树、电杆、烟囱和高墙下，不要乘坐敞篷车和骑自行车。避雨应选择有屏蔽作用的建筑或物体，如汽车、电车、混凝土房屋等；

② 有雷雨时，不要停留在山顶、湖泊、河边、沼泽地、游泳池等易受雷击的地方；

③ 有雷雨时，应关好房屋门窗，以防球形雷飘入；不要站在窗前或阳台上、有烟囱的灶前，应离开电力线、电话线、无线电天线 1.5m 以外，也不要使用家用电器，应将电器的电源插头拔下；

④ 在雷雨季节，不要使用室外天线，以免将雷电引入电视机等家用电器。

（2）防雷装置

① 避雷针

避雷针是一种尖形金属导体，装设在高大、凸出、孤立的建筑物或室外电力设施的凸出部位。避雷针的基本结构如图 9-7 所示，利用尖端放电原理，将雷云感应电荷积聚在避雷针的顶部，与接近的雷云不断放电，实现地电荷与雷云电荷的中和。

② 避雷器

避雷器包括保护间隙、管型避雷器和阀型避雷器等，其基本原理类似。天气正常时，避雷器处于断路状态；当出现雷电过电压时发生击穿放电，将过电压引入大地。过电压终止后，迅速恢复阻断状态。三种避雷器中，保护间隙是一种最简单的避雷器，性能较差。管型避雷器的保护性能稍好，主要用于变电所的进线段或线路的绝缘弱点。工业变配电设备普遍采用阀型避雷器，通常安装在线路进户点。其结构如图 9-8 所示，主要由火花间隙和阀片电阻组成。

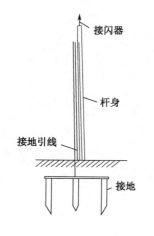

图 9-7 避雷针

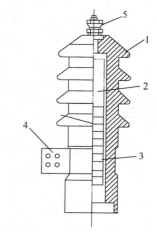

1—瓷套；2—火花间隙；3—电阻阀片；4—抱箍；5—接线鼻

图 9-8 阀型避雷器结构示意图

知识拓展

户外防雷小常识

当人在户外处于雷电的危险环境中时，如果周边没有避雷场所，应两脚并拢，并立即下蹲，双手抱膝，尽量降低身体重心，不要与人挤在一起，保持距离。最好使用塑料雨具、

雨衣。

在旷野中，不宜手持金属物（锄头、铁锹等），不宜在大树下躲避雷雨。

不宜快速开摩托车、快骑自行车或在雨中狂奔，这样容易形成较大的跨步电压。曾有两人到户外钓鱼，同时被雷电击中，其中一个奔跑的人不幸身亡，另一位没有奔跑的，则被击伤。2009年夏天，常熟一村民驾摩托车回家途中，行驶在空旷的公路上时，不幸遭遇雷击死亡。

另外，如发现受雷击而烧伤、休克的人，其身体不带电的，可实施扑火、人工呼吸等紧急抢救。

在室内，雷雨天要拔掉电源插头而不仅仅是关掉；要关闭好门窗，以防侧击雷和球状雷侵入；同时，把家用电器的电源切断，并拔掉电源插头和有线电视信号线；不要使用带有外接天线的收音机、电视机；不要接打固定电话；不要在雷电交加的时候使用太阳能热水器等洗澡；不要接触天线、煤气管道、铁丝网、金属窗、建筑物外墙；远离带电设备；不要赤脚站在地上。

学习任务十

电工安全用具

10.1　任务页

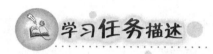

学习任务描述

1. 提出任务

电气作业人员进行作业的范围是安装、运行、维护和检修电气设备或电气线路，具体来讲有停电作业、带电作业、登高作业、测试作业等。由于这些作业都直接或间接与带电体相接触，所以能否正确使用电工安全用具，就关系到作业者的人身安全问题，甚至还会影响到他人的生命和国家财产的安危！

2. 引导任务

要正确使用电工安全用具，首先要确立"安全第一"的思想，不能麻痹大意，必须明确在作业过程中所采取的各种安全技术措施，严格执行安全操作步骤。图 10-1 所示为安全警示标志。那么，常见的电工安全用具，如梯子、绝缘棒、安全带等，要如何操作才是正确的呢？

图 10-1　安全警示标志

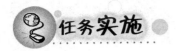
任务实施

1. 实施步骤

（1）教学组织

教学组织流程如图 10-2 所示。

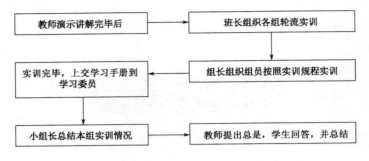

图 10-2　教学组织流程图（学习任务十）

教师讲解完毕，让小组组长分列站好，听到老师指令后按照老师演示的动作规范操作。分组实训：每 2 人一组，每组小组长一名。

① 教师示范讲解。

a. 示范电工安全用具的正确使用方法。

b. 示范要求：

● 教师操作要规范，速度要慢；

● 边操作、边讲解介绍，观察学生反应；

● 必要的话要多次示范，让学生参与。

② 学生操作。

学生两人一组完成课题任务。

③ 巡回指导。

a. 单独指导。对个别学生在实习中存在的问题，给予单独指导。

b. 集中指导。对学生在实习中普遍存在的问题，采取集中指导，解决问题。

c. 巡回指导的注意事项

● 实习操作规范、熟练程度等；

● 答疑和指导操作。

④ 实训完毕，上交学习手册到学习委员。

⑤ 小组长总结，教师提问并总结。

（2）必要器材/必要工具

① 多媒体教室 1 间。

② 梯子 1 架。

③ 绝缘手套 1 副。

④ 绝缘靴 1 双。

⑤ 拉杆 1 支。

⑥ 电工安全带 1 条。

⑦ 登高板 1 对。

⑧ 脚扣 1 双。

⑨ 喷灯 1 只。

⑩ 跌落式熔断器 3 个。

⑪ 高、低压验电器各 1 支。

（3）任务要求

① 正确使用梯子；

② 明白绝缘手套、绝缘靴、拉杆的保管检验及使用方法；

③ 明白安全带、登高板、脚扣的检查和使用方法；

④ 正确使用喷灯；

⑤ 正确带电更换熔断器；

⑥ 正确操作跌落式熔断器；

⑦ 正确使用验电器；

⑧ 整个操作过程规范正确，安全文明。

2. 实习课题

（1）梯子

① 使用梯子的注意事项：

a. 身体疲倦，服用药物，饮酒或有体力障碍时，禁止使用各类梯子；

b. 梯子应放置在坚固平稳的地面上，禁止放在没有防滑和固定设备的冰、雪或滑的物体表面上（图 10-3（a））；

c. 作业时禁止超过标明的最大承重质量；

d. 禁止在强风中使用梯子；

e 金属梯子导电，避免靠近带电场所（图 10-3（b））；

f. 攀登时人面向梯子，双手抓牢，身体重心保持在两梯柱中央（图 10-3（c）、（d））；

g. 作业时不要站在离梯子顶部 1m 范围内的梯阶上，永远保留 1m 的安全保护高度，更不要攀过顶部的最高支撑点；

h. 作业时手不要超过头顶，以免身体失去平衡，发生危险（图 10-3（e））；

i. 禁止从梯子的一侧直接跨越到另一侧（图 10-3（f））；

j. 梯子竖立与地面的夹角宜为 60°左右；在光滑地面上应有防滑装置；

k. 梯上有人作业时，不得移动梯子根部，同时梯上不允许有两人；

l. 梯子较高时，作业人员应系安全带，并将安全带拴在作业周围牢固可靠的地方。

② 口述题：使用梯子应注意什么？

答：a. 不使用钉子钉成的木梯子；

b. 不垫高梯子使用；

c. 梯子使用前，应检查是否牢固可靠；

d. 梯子与地面夹角以 60°为宜，应采取防滑措施，没有搭钩的梯子应有人扶梯；

e. 不在上层工作，人字梯张开后应将钩挂牢，不得将工具材料放在上层。

（a） （b） （c） （d）

（e） （f）

图 10-3 梯子的使用

③ 评分标准。扣分标准见表 10-1。

表 10-1 学习任务十（1）扣分标准

序号	扣分项目	扣分数
1	使用梯子前没有检查梯子	3～15分
2	使用梯子不正确	3～15分
3	注意事项不会或回答不完整	3～15分

考核时间：要求 20 分钟内完成。

（2）绝缘手套、绝缘靴、拉杆

① 绝缘手套和绝缘靴（鞋）。绝缘手套和绝缘靴使用前的检查方法：

● 检查有无粘黏、漏气现象，如图 10-4、图 10-5 所示。

● 检查是否经试验合格，不要超过有效期。

② 绝缘手套和绝缘靴使用注意事项：

● 手套佩戴在工作人员双手上，手指与手套指孔吻合牢固，衣服袖口应套入手套筒内；

● 沾污的绝缘手套、绝缘靴可使用肥皂和不超过 60℃ 的清水洗涤；有类似焦油；油漆的物质残留在手套或靴上，未清除前不宜使用。清洗时应采用专用的绝缘橡胶制品去污剂。不得使用香蕉水、汽油等进行去污，否则将损坏绝缘橡胶的绝缘性能；

● 使用中受潮或清洗后潮湿的手套、靴应充分晾干，并涂抹滑石灰后予以保存；

● 不准将绝缘手套、绝缘靴与其他材料混放运输；

● 不准将绝缘手套、绝缘靴与油类或腐蚀性物质混放。

图 10-4 绝缘手套的检查

图 10-5　绝缘靴的检查

③ 拉杆。操作者要戴好绝缘手套并穿好绝缘靴配合拉杆的使用（如图 10-6）。使用拉杆前，应检查拉杆的堵头，如发现破损，应禁止使用。使用拉杆时，人体应与带电设备保持足够的安全距离，并注意防止拉杆被人体或设备短接，以保持有效的绝缘长度。雨天在户外操作电气设备时，拉杆的绝缘部分应有防雨罩。罩的上口应与绝缘部分紧密结合，无渗漏现象。

④ 口述题：绝缘手套、绝缘靴、拉杆的管理办法。

答：绝缘手套、绝缘靴、拉杆必须由专人负责管理，专门存放，安放在干燥通风场所，不得与油类接触。手套、靴应存放在柜内，与其他工具分开；拉杆放在木架上（垂直存放）。列册登记，定期实验耐压（每半年实验一次）。使用前要检查外观，看电压等级是否相符，有无毛刺裂纹。

⑤ 评分标准。扣分标准见表 10-2。

图 10-6　拉杆的使用方法

表 10-2　学习任务十（2）扣分标准

序号	扣分项目	扣分数
1	绝缘手套、绝缘靴、拉杆管理办法不会或回答不完整	3～15
2	绝缘手套、绝缘靴方法不会或回答不完整	3～15
3	拉杆的结构及使用方法不会或回答不完整	3～15

考核时间：要求 20 分钟内完成

（3）安全带、登高板、脚扣

① 安全带。使用安全带前，应进行外观检查：组件完整、无短缺、无伤残破损；绳索、编带无脆裂、断股或扭结；金属配件无裂纹、焊接无缺陷、无严重锈蚀；挂钩的钩舌咬口平整不错位，保险装置完整可靠；铆钉无明显偏位，表面平整。

如图 10-7 所示，安全带的腰带应系在最大臀围以上，靠近腰骨的部位，不能系在最大臀围以下或腰部，以防人体从腰带里滑出，或损伤腰骨。

保险绳应可靠地系在上方牢固的构件上，保险绳长度应能保证在工作活动范围内移位灵活。保险绳长度一般为 1.5～2m，使用 3m 以上长绳时，应加缓冲器。注意不准将绳打结使用，不准将钩直接挂在不牢固物体上或安全绳上，应挂在连接环上使用。保险绳系挂的位置应比腰带高或与腰带平行，即高挂低用，不能比腰带低，以防人体坠落时，由于冲击力过大而损伤腰骨。

② 登高板。使用登高板时，绳的长度要适应使用者的身材，一般应保持一人一手长，踏板、绳索均应能承受 300 千克重量。每半年要进行一次载荷实验，在每次登高前应作人体冲击试登。

使用登高板登杆时应注意：

a. 踏板使用前，要检查踏板有无裂纹或腐朽，绳索有无断股。

b. 踏板挂钩时必须正钩，钩口向外、向上，切勿反钩，以免造成脱钩事故（如图 10-8（a））。

c. 登杆前，应先将踏板钩挂好使踏板离地面 15～20cm，用人体作冲击载荷试验，检查踏板有无下滑、是否可靠。

d.上杆时，左手扶住钩子下方绳子，然后必须用右脚（哪怕左撇子也要用右脚）脚尖顶住水泥杆，防止踏板晃动，左脚踏到左边绳子前端（如图 10-8（b））。

e. 为了保证在杆上作业时身体平稳，不使踏板摇晃，站立时两脚前掌内侧应夹紧电杆（如图 10-8（c））。

图 10-7　安全带的使用方法

（a）踏板挂钩　　　　　　（b）上杆　　　　　　（c）踏板上的站立

图 10-8　登高板的使用方法

③ 脚扣。

a. 使用脚扣登高操作方法：

● 准备：检查安全带（保险带）和脚扣是否完好，穿好工作服、戴好手套、系好安全带、穿好脚扣。同时应对脚扣作人体冲击试登以检查其强度。其方法是：将脚扣系于电杆上离地 0.5m 左右处，借人体重量猛力向下蹬踩，此时查看脚扣，若无变形及任何损伤，方可使用。

● 上杆：双手搂杆，两臂略弯曲，上身远离电杆。腿蹬直，小腿与电杆成一角度。张开臂部，向后下方坐式，使身体成弓形。左脚蹬实后，身体重心移至左脚，右脚抬起向上移一步。手随之向上移动，然后二脚交替上移（如图 10-9（a））。

● 作业：将两脚靠近，将安全带绕过电杆系好，即可进行杆上作业（如图 10-9（c））。

- 下杆：解开安全带，一步一步往下移（如图 10-9（a））。

| （a）上杆、下杆 | （b）杆上作业正面 | （c）杆上作业背面 |

图 10-8 使用脚扣登高示意图

b. 使用脚扣注意事项：

- 一定要按电杆规格选择，不得采用把脚扣小掰大或大掰小的办法。
- 发现脚扣有裂纹或脚扣皮带损坏，应立即修理或更换。不得用电线或绳子代替脚扣皮带。水泥杆脚扣可用于木杆，但木杆脚扣不得在水泥杆上使用。
- 脚扣要和安全带配合使用。在杆上作业时，一定要系好安全带。

④ 评分标准。扣分标准见表 10-3。

表 10-3 学习任务十（3）扣分标准

序号	扣分项目	扣分数
1	口述脚扣的使用和检查方法，不会或回答不完整	3～15分
2	口述登高板的使用和检查方法，不会或回答不完整	3～15分
3	口述安全带使用方法，不会或回答不完整	3～15分
4	安全带不会系或不会穿脚扣	10分

考核时间：要求 20 分钟内完成。

（4）喷灯（图 10-10）

① 喷灯的使用方法

a. 使用前——检查：油的类型（不能混装）、油量（应少于油桶的 3/4），是否漏气，丝扣是否漏油；油桶底部是否变形外凸；气道是否畅通，喷嘴是否堵塞；

b. 使用中——点火：关闭油门，适当打气；点火碗注入煤油点燃，待喷嘴烧热后，逐渐打开油量调节阀。

注意打气时，油桶不能与地面摩擦；火力正常时，不宜多打气。点火时，应在避风处，远离带电设备，喷嘴不能对准易燃物品。人应站在喷灯的一侧。灯与灯之间不能互相点火。

同时在使用过程中，要经常检查油量是否过少，灯体是否过热，安全阀是否有。

c. 使用后——关闭油门，灯嘴慢慢冷却后，旋开放气阀；喷灯擦拭干净，放到安全的地方。

② 喷灯安全操作规程。

a. 检查所用的油是什么油（严禁混合油使用），油量是否合适（油量不超过油桶的 3/4）。

b. 喷灯打气时禁止灯身与地面摩擦，防止脏物进入气门阻塞气道。如进气不畅通，应停止使用，立即送修。

c. 漏油、漏气的喷灯禁止使用。

d. 点火时，先稍旋开放气螺钉，在避风处用火点燃灯头。点火时，人应站在喷嘴侧面。禁止灯与灯互相点火，或到炉灶上点火，禁止在带电设备附近点火。

图 10-10　喷灯

e. 火力不足时，先用通针疏通喷嘴。若仍有污物阻塞，应停止使用。

f. 火力正常时，切勿再多打气。

g. 使用前检查底部，若发现外凸，就不能使用。

h. 使用中，应经常检查油量是否过少，灯体是否过热，安全阀是否有效，防止爆炸。

i. 熄火时，先旋开放气螺钉把气放出，再熄灭灯头上余火。

j. 喷灯使用后，先应擦拭干净，放到安全的地方。

③ 评分标准。扣分标准见表 10-4。

表 10-4　学习任务十（4）扣分标准

序号	扣分项目	扣分数
1	不能识别喷灯	15分
2	没有检查喷灯	5分
3	不会讲述喷灯的点火、调火焰、熄火、放气方法，或操作不当	3～10分
4	煤油喷灯安全使用规程不会或回答不完整	3～15分

考核时间：要求 20 分钟内完成。

（5）带电更换熔断器

① 带电更换熔断器的操作。带电更换熔断器时，要戴防护眼镜，使用合格的绝缘工具（钳、夹、卡子等），戴绝缘手套，设专人监护。

如图 10-11 所示，先拉下负荷开关，再更换熔断器。拉熔断器时，先拉熔断器上方，再拉熔断器下方；插熔断器时，先插熔断器下方，再插熔断器上方。若三相熔断器都需要更换时，应先拉中间一相，后拉另外两相；换上时，先装左、右两相，再装中间一相。

② 口述题：熔断器主要有哪几种形式？

答：熔断器有管式熔断器、插式熔断器、盒式熔断器、羊角熔断器等多种形式，如图 10-12 所示。

（a）带电熔断器　　　　（b）拉下负荷开关　　　　（c）拉熔断器　　　　（d）插装熔断器

图 10-11　带电更换熔断器

（a）管式　　　　　　　　（b）瓷插式　　　　　　　　（c）螺旋式

图 10-12　熔断器

③ 评分标准。扣分标准见表 10-5。

表 10-5　学习任务十（5）扣分标准

序号	扣分项目	扣分数
1	不能说出带电操作时所需的防护用具及绝缘工具	5分
2	没有拉下负荷开关	10分
3	拉电源开关	15分
4	拉合闸操作不当	10分
5	口述题不会或回答不完整	3～8分

考核时间：要求 20 分钟内完成。

（6）正确操作跌落式熔断器

一般情况下，不允许带负荷操作跌落式熔断器，只允许其操作空载设备（线路）。但在农网 10kV 配电线路分支线和额定容量小于 200kVA 的配电变压器，允许按下列要求带负荷操作。

① 操作方法。

a. 操作时由两人进行（一人监护，一人操作），必须戴经试验合格的绝缘手套，穿绝缘靴、戴护目眼镜，使用与电压等级相匹配的合格绝缘棒操作，在雷电或者大雨的气候下禁止操作。

b. 在拉闸操作时，一般规定为先拉断中间相，再拉断背风的边相，最后拉断迎风的边相。这是因为配电变压器由三相运行改为两相运行时，拉断中间相时所产生的电弧火花最小，不致造成相间短路。其次是拉断背风边相时，因为中间相已被拉开，背风边相与迎风边相的距离增加了一倍，即使有过电压产生，造成相间短路的可能性也很小。最后拉断迎风边相时，仅有对地的电容电流，产生的电火花则已很微弱。

c. 合闸的时候操作顺序与拉闸时相反，先合迎风边相，再合背风的边相，最后合上中间相。

d. 操作熔管是一项频繁的项目，注意不到便会造成触点烧伤引起接触不良，使触点过热，弹簧退化，促使触点接触更为不良，形成恶性循环。所以，拉、合熔管时要用力适度。合好后，要仔细检查鸭嘴舌头能否紧紧扣住舌头长度 2/3 以上，可用拉闸杆钩住上鸭嘴向下压几下，再轻轻试拉，检查是否合好。合闸时未能到位或未合牢靠，熔断器上静触点的压力不足，极易造成触点烧伤或者熔管自行跌落。

操作跌落式熔断器如图 10-13 所示。

图 10-13　操作跌落式熔断器

② 评分标准。扣分标准见表 10-6。

表 10-6　学习任务十（6）扣分标准

序号	扣分项目	扣分数
1	没有穿戴电压等级合格的绝缘手套、绝缘鞋、安全帽，穿长袖衣裤，使用绝缘杆	15分
2	一次性拉不下跌落式熔断器	5分
3	一次性推不上跌落式熔断器	5分
4	操作方法不当	3～10分
5	口述题不会或回答不完整	3～8分

考核时间：要求 20 分钟内完成。

（7）验电器

① 低压验电器的操作。必须按照图 10-14 所示方法握妥笔身，并使氖管小窗背光朝向自己，以便于观察。

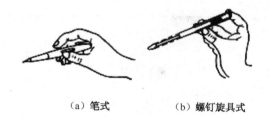

（a）笔式　　　　　　　（b）螺钉旋具式

图 10-14　低压验电笔握法

使用低压验电器测量低压电时，一般应穿绝缘靴。测试前验电器应先在确定带电导体上试验，以证明验电器是否良好，以防因氖泡损坏而得出错误的判断。

② 高压验电器的操作。使用高压验电器测量高压电时，须穿戴电压等级合格的绝缘手套和绝缘靴。验电时，进行验电操作的人员要戴上符合要求的绝缘手套，并且握法要正确（图 10-15 所示）。不能直接接触带电体，只能逐渐靠近带电体，至灯亮（同时有声音报警）为止，同时须有人监护。

使用前应在带电体上试测，也可先自测（图 10-16），以检查是否完好。不可靠的验电器不准使用。高压验电器应每 6 个月进行一次耐压试验，以确保安全。

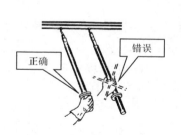

图 10-15　高压验电器握法

图 10-16　高压验电器使用前自测

③ 评分标准。扣分标准见表 10-7。

表 10-7　学习任务十（7）扣分标准

序号	扣分项目	扣分数
1	低压验电器的结构检查、使用方法不会或回答不完整	3～15分
2	高压验电器的结构检查、使用方法不会或回答不完整	3～15分
3	操作不正确	3～15分

考核时间：要求 20 分钟内完成。

3. 写出在实训中碰到的问题和分解解决问题的方法

实训中碰到的问题：＿＿＿＿＿＿＿＿＿＿＿＿＿＿＿＿＿＿＿＿＿＿＿＿＿＿＿

＿＿＿＿＿＿＿＿＿＿＿＿＿＿＿＿＿＿＿＿＿＿＿＿＿＿＿＿＿＿＿＿＿＿＿＿＿

＿＿＿＿＿＿＿＿＿＿＿＿＿＿＿＿＿＿＿＿＿＿＿＿＿＿＿＿＿＿＿＿＿＿＿＿＿

解决的方法：_____

_____

_____

4．注意事项

（1）严格并熟练执行电工安全用具操作步骤；

（2）不得违反安全文明生产规程。

知识要点

一、填空题

1．电工安全用具分_____和_____两大类。

2．绝缘棒主要由_____、_____和_____构成。

3．拉杆主要用来操作_____及以下电压等级的刀闸、跌落式熔断器以及安装或拆除携带式接地线、进行带电测量和试验工作。

4．跌落式熔断器由带有接线螺栓的_____及活动的_____组成。

5．绝缘手套和绝缘鞋使用后应擦净、晾干，并在绝缘手套上洒一些_____。

二、选择题

1．下列物品属于一般辅助安全用具的是（　　　）。

    A．电压指示器　　　　　　　　　　　　B．低压验电器

    C．绝缘手套　　　　　　　　　　　　　D．绝缘夹钳

2．验电时，必须用（　　）的验电器。

    A．电压等级合适　　　　　B．合格　　　　　C．电压等级合适而且合格

3．低压验电笔一般适用于交、直流电压为（　　）以下。

    A．220V　　　　　　　B．380V　　　　　　C．500V　　　　　　D．10KV

三、问答题

1．电工安全用具如何分类？

_____

_____

2．什么是基本安全用具？基本安全用具有哪些？

_____

_____

3．什么是辅助安全用具？辅助安全用具有哪些？

_____

_____

_____

4. 简述喷灯的使用方法。

_____

_____

5. 简述脚扣的使用方法。

_____

_____

_____

综合评定

1. 自我评价

（1）本节课我学会和理解了：

_____

_____

_____

（2）我最大的收获是：

_____

_____

_____

（3）我的课堂体会是：快乐（   ）、沉闷（   ）

（4）学习工作页是否填写完毕？是（   ）、否（   ）

（5）工作过程中能否与他人互帮互助？能（   ）、否（   ）

2. 小组评价

（1）学习页是否填写完毕？

评价情况：是（   ）、否（   ）

（2）学习页是否填写正确？

错误个数：1（   ）2（   ）3（   ）4（   ）5（   ）6（   ）7（   ）8（   ）

（3）工作过程当中有无危险动作和行为？

评价情况：有（   ）、无（   ）

（4）能否主动与同组内其他成员积极沟通？并协助其他成员共同完成学习任务？

评价情况：能（   ）、不能（   ）

（5）能否主动执行作业现场 6S 要求？

评价情况：能（　　）、不能（　　）

3．教师评价

综合考核评比表如表 10-8 所示。

表 10-8　学习任务十综合考核评比表

序号	考核内容	评分标准	配分	自我评价 0.1	小组评价 0.3	教师评价 0.6	得分
1	任务完成情况	梯子的使用	5分				
		绝缘手套、绝缘靴、拉杆的保管检验及使用方法	10分				
		安全带、登高板、脚扣的检查和使用方法	10分				
		喷灯的使用方法	5分				
		带电更换熔断器	10分				
		跌落式熔断器的操作规程	10分				
		验电器的使用方法	5分				
2	责任心与主动性	若丢失或故意损坏实训物品，全组得0分，不得参加下一次实训学习	10分				
		主动完成课堂作业，完成作业的质量高，主动回答问题	5分				
3	团队合作与沟通	团队沟通，团队协作，团队完成作业质量	10分				
4	课堂表现	上课表现，（上课睡觉，玩手机，或其他违纪行为等）一次全组扣5分	10分				
5	职业素养（6S标准执行情况）	无安全事故和危险操作，工作台面整洁，仪器设备的使用规范合理	10分				
6	总分						

获得等级：90分以上（　　）☆☆☆☆☆　　积5分

　　　　　75～90分（　　）☆☆☆☆　　积4分

　　　　　60～75分（　　）☆☆☆　　积3分

　　　　　60分以下（　　）　　积0分

　　　　　50分以下（　　）　　积-1分

注：学生每完成一个任务可获得相应的积分，获得90分以上的学生可评为项目之星。

教师签名：＿＿＿＿＿＿

日期　　　年　　月　　日

10.2　学习页

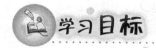学习目标

1. 电工安全用具分类

（1）绝缘安全用具
（2）一般防护安全用具

2. 常用电工安全用具

（1）梯子的正确使用方法
（2）绝缘手套、绝缘靴、拉杆的保管检验及使用方法
（3）安全带、登高板、脚扣的检查和使用方法
（4）喷灯的正确使用方法
（5）正确操作跌落式熔断器的方法
（6）验电器的使用方法

相关知识

1. 电工安全用具分类

电工安全用具分绝缘安全用具和一般防护安全用具两大类。绝缘安全用具具备绝缘性能，是防止电气作业人员直接接触带电体用的；一般防护安全用具不具有绝缘性能，但具有防止人身触电和保护人身安全的作用。

（1）绝缘安全用具

凡可以直接接触带电导体，能长时间可靠地承受设备工作电压的绝缘安全用具，都称为绝缘安全用具。

① 根据其工作电压，可分为高压绝缘安全用具和低压绝缘安全用具。

常用高压绝缘安全用具中的基本安全用具有绝缘夹钳、高压验电器、高压钳形表等。它们的绝缘强度应能长期承受工作电压和对应于该工作电压等级产生的内过电压，以保证作业人员的安全。

常用低压绝缘安全用具中的基本安全用具有绝缘手套、装有绝缘柄的工具、低压验电

器等。辅助安全用具有绝缘台、绝缘鞋和绝缘靴等。

② 根据其绝缘强度，又可分为基本绝缘安全用具和辅助绝缘安全用具。

基本绝缘安全用具是用具本身的绝缘足以抵御工作电压的用具。对低压带电作业而言，带有绝缘柄的工具、绝缘手套属于此类。

所谓辅助安全用具，是配合基本绝缘安全用具使用的，用来进一步加强基本安全用具保护作用的工具，用具本身的绝缘不足以抵御工作电压，但当操作人不慎触电时，可减轻危险的一类用具。常用的高压辅助安全用具有绝缘手套、绝缘靴、绝缘鞋、绝缘站台和绝缘毯等。对低压带电作业而言，绝缘靴、绝缘鞋、绝缘台、绝缘垫属于此类。

（2）一般防护安全用具

也称为非绝缘安全用具。常用的一般防护安全用具有以下几种。

① 检修安全用具：在停电检修作业中用以保证人身安全的用具，包括验电器、临时接地线、标示牌、临时遮栏等。

② 登高安全用具：用以保证在高处作业时防止坠落的用具，如电工安全带、安全绳等。

③ 护目镜：防止电弧或其他异物伤害眼睛的用具。

2．常用电工安全用具

（1）梯子

① 梯子的分类。梯子的种类和形式很多，材质也有竹制、木制、钢制和合金制的多种，其结构构造都有国家标准。我们在工作当中大多使用的是铝合金材质的梯子，在牢固、耐用、绝缘等方面，安全性高于其他材质的梯子。

② 梯子的正确使用方法。使用前检查梯子有无螺丝松动现象；踏板与梯脚固定连接片有无松动脱落现象；安全锁开启是否灵活；梯脚防滑胶垫是否完好，有无破损、裂痕；拉绳保持完好，长度适宜。

在梯子上工作时，梯顶一般不应低于工作人员的腰部，切忌在梯子的最高处或最上面一、二级横档工作。

（2）绝缘手套、绝缘靴、拉杆

① 绝缘手套和绝缘靴。绝缘手套和绝缘靴用特殊橡胶制成。1kV 以上的电压等级的用在 1kV 以上的电气设备上时，绝缘手套作为辅助安全用具；1kV 及以下的电压等级的用在 1kV 及以下的电气设备上时，绝缘手套可作为基本安全用具，绝缘靴可作为防护跨步电压的基本安全用具。图 10-17 所示为绝缘手套，图 10-18 所示为绝缘靴。

图 10-17　绝缘手套

图 10-18　绝缘靴

② 拉杆。又称绝缘杆、操作杆或拉闸杆，如图 10-19 所示。拉杆由工作部分、绝缘部分、握手部分构成，握手部分和绝缘部分用浸过漆的木材、硬塑料、胶木或玻璃钢制成，中间有护环隔开。

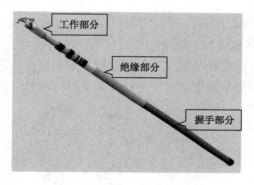

图 10-19　拉杆

拉杆主要用来操作 35kV 及以下电压等级的刀闸、跌落式熔断器，以及安装或拆除携带式接地线，进行带电测量和试验工作。

（3）安全带、登高板、脚扣

① 安全带。电工安全带是高处作业预防坠落伤亡的防护用品，其构造如图 10-20 所示。在没有脚手架或者在没有栏杆的脚手架上工作，高度超过 1.5 米时，必须使用安全带，或采取其他可靠的安全措施。在杆塔上作业时，必须使用带保险绳的安全带。

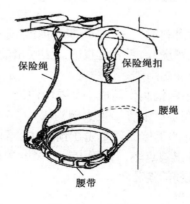

图 10-20　安全带

② 登高板。登高板又称踏板，用来攀登电杆，如图 10-21 所示。登高板由踏板、绳索、铁挂钩和心形球组成。踏板由坚硬的木板制成，绳索为 16mm 多股白棕绳或尼龙绳，绳两端系结在踏板两头的扎结槽内，绳顶端系结心形球和铁挂钩，绳的长度应与使用者的身材相适应，一般在一人一手长左右。踏板和绳均应能承受 300 千克的重量。

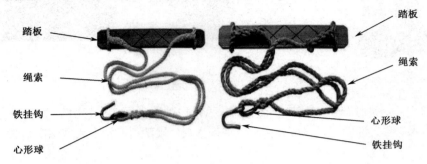

图 10-21　登高板

③ 脚扣。脚扣是一种套在鞋上爬电线杆用的一种弧形铁制工具，一般采用高强无缝管制作，经过热处理，具有重量轻、强度高、韧性好，可调性好、轻便灵活、安全可靠、携带方便等优点，是电工攀登不同规格的水泥杆或木质杆的理想工具，如图 10-22 所示。

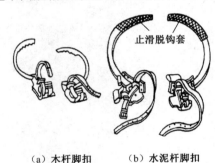

（a）木杆脚扣　　　（b）水泥杆脚扣

图 10-22　脚扣

脚扣原理：利用杠杆作用原理，借助人体自身重量，使另一侧紧扣在电线杆上，产生较大的摩擦力，从而使人易于攀登；而抬脚时因脚上承受重力减小，脚扣自动松开。

（4）喷灯

喷灯是利用汽油或煤油做燃料的一种工具，煤油喷灯与汽油喷灯的区别在于：煤油喷灯的喷管是弯的（可加速汽化燃烧），后者是直的。因喷出的火焰温度可达 800～1000℃，具有很高的温度，因此常用于加热烙铁、烘烤等。

① 喷灯的结构。喷灯常用黄铜制作而成，主要由油桶、手柄、打气筒、放气阀、加油螺塞、油量调节阀（油门）、喷嘴、喷管、点火碗构成。

② 喷灯的工作原理。喷灯的工作原理是先在预热盆中倒入酒精，点燃后产生的热量使灯座内的酒精汽化并由灯管排出被点燃，灯管上有升降开关以调节空气和酒精量。酒精在燃烧时发出喷汽声，火焰呈微弱的淡蓝色。

（5）正确操作跌落式熔断器

跌落式熔断器是 10kV 配电线路分支线和配电变压器最常用的一种短路保护开关，其结构如图 10-23 所示。它具有经济、操作方便、适应户外环境性强等特点，被广泛应用于 10kV 配电线路和配电变压器一次侧，作为保护和进行设备投、切操作之用。

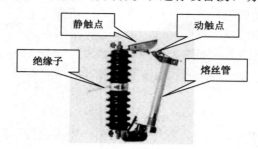

静触点　动触点

绝缘子　熔丝管

图 10-23　跌落式熔断器

① 结构及工作原理。

跌落式熔断器由带有接线螺栓的绝缘子及活动的熔丝管组成。熔丝管由纤维材料制成，当熔丝熔断时，由于电弧的作用，熔丝管上析出大量的气体，对电弧产生强烈的纵吹作用，实现纵吹灭弧。由于熔件的张力作用，上部动触点合闸后卡在鸭嘴式静触点上。熔件熔断后，鸭嘴式静触点对上部动触点失去卡阻作用，熔丝管因自身重量翻落下来，这时管外电弧很快被拉长而熄灭。

② 安装。

a. 安装时应将熔体拉紧（使熔体大约受到 24.5N 左右的拉力），否则容易引起触点发热。

b. 熔断器安装在横担（构架）上应牢固可靠，不能有任何的晃动或摇晃现象。

c. 熔管应有向下 25°±2°的倾角，以利于熔体熔断时熔管能依靠自身重量迅速跌落。

d. 熔断器应安装在离地面垂直距离不小于 4m 的横担（构架）上，若安装在配电变压器上方，应与配电变压器的最外轮廓边界保持 0.5m 以上的水平距离，以防万一熔管掉落引发其他事故。

e. 熔管的长度应调整适中，要求合闸后鸭嘴舌头能扣住触点长度的 2/3 以上，以免在运行中发生自行跌落的误动作，熔管亦不可顶死鸭嘴，以防止熔体熔断后熔管不能及时跌落。

f. 所使用的熔体必须是正规厂家的标准产品，并具有一定的机械强度，一般要求熔体最少能承受 147N 以上的拉力。

g. 10kV 跌落式熔断器安装在户外，要求相间距离大于 70cm。

（6）验电器

验电器是检验电气设备、电器、导线上是否有电的一种专用安全用具，分为低压和高压两种。

① 低压验电器（亦称验电笔）。低压验电笔一般适用于交、直流电压为 500V 以下的导体。使用时应注意：

a. 必须按照图 10-13 所示方法握妥笔身，并使氖管小窗背光朝向自己，以便于观察。

b. 为防止笔尖金属体触及人手，在螺钉旋具试验电笔的金属杆上，必须套上绝缘套管，仅留出刀口部分供测试需要。

c. 验电笔不能受潮，不能随意拆装或受到严重振动。

d. 应经常在带电体上试测，以检查是否完好。不可靠的验电笔不准使用。

e. 检查时如果氖管内的金属丝单根发光，则是直流电；如果是两根都发光则是交流电。

f. 在测试相邻回路的两根导线（一火一零）时，用验电笔测零线，验电笔也亮，但亮度比火线差，这说明是零线断路有感应电；如果是一个回路的一火一零两根导线，用验电笔测得两根线差，这说明是零线断路有感应电；如果是一个回路的一火一零两根导线，用验电笔测得两根导线的亮度一样，则说明零线断线，所谓的零线已经通过用电器具接至火线而具有火线的电位。

② 高压验电器。

a. 使用时应两人操作，其中一人操作，同时另一个人进行监护。

b. 在户外时，必须在晴天的情况下使用。

c. 进行验电操作的人员要戴上符合要求的绝缘手套，并且握法要正确，如图 10-14 所示。

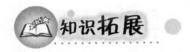

安全色、临时遮栏与安全标志牌

（1）安全色

为了预防发生意外事故，在用电的场合或带电设备上，有时需要用不同颜色或悬挂不同图形标志来引起人们的注意。

安全色是通过不同的颜色表示不同的安全信息，使人们能迅速、准确地分辨各种不同环境，预防事故发生。安全色规定为红、蓝、黄、绿、黑五种颜色，其含义及用途如表 10-9 所示。

表 10-9 安全色含义及用途

颜色	含义	用途
红色	禁止	禁止标志，禁止通行
	停止	停止信号，机器和车辆上紧急停止按钮及禁止触动的部位
	消防	消防器材
	信号灯	电路处于通电状态
蓝色	指令	指令标志
	强制执行	必须戴安全帽，必须戴绝缘手套，必须穿绝缘靴
黄色	警告	警告标志，警戒标志，当心触电
	注意	注意安全，安全帽
绿色	提供信息	提示标志，启动按钮，已接地，在此工作
	安全	安全标志
	通行	通行标志，从此上下
黑色	图形、文字	警告标志的几何图形，书写警告文字

（2）临时遮栏

临时遮栏如图 10-24（a）所示。临时遮栏的高度不得低于 1.7m，下部边缘离地面不大于 10cm，可用干燥木材、橡胶或其他坚韧绝缘材料制成。装设遮栏是为了限制工作人员的活动范围，防止他们接近或误触带电部分。

（3）安全标示牌

安全标示牌如图 10-24（b）所示，用绝缘材料制成，上面有明显的标记、式样和明确的悬挂地点，提醒工作人员注意或按标示上注明的要求去执行，保障人身和设施安全的重要措施。

（a）临时遮栏   （b）安全标示牌

图 10-24　临时遮栏和安全标示牌

反侵权盗版声明

电子工业出版社依法对本作品享有专有出版权。任何未经权利人书面许可，复制、销售或通过信息网络传播本作品的行为；歪曲、篡改、剽窃本作品的行为，均违反《中华人民共和国著作权法》，其行为人应承担相应的民事责任和行政责任，构成犯罪的，将被依法追究刑事责任。

为了维护市场秩序，保护权利人的合法权益，我社将依法查处和打击侵权盗版的单位和个人。欢迎社会各界人士积极举报侵权盗版行为，本社将奖励举报有功人员，并保证举报人的信息不被泄露。

举报电话：（010）88254396；（010）88258888

传　　真：（010）88254397

E-mail：　dbqq@phei.com.cn

通信地址：北京市万寿路 173 信箱

　　　　　电子工业出版社总编办公室

邮　　编：100036